ひとくちサイズの
文系のための超わかりやすい
数学

クリス・ワーリング＝著
三谷政昭・飯田頌平＝監訳
中井川玲子＝訳

NEWTON PRESS

クリス・ワーリングの著書

・I Used to Know That: Maths

・From 0 to Infinity in 26 Centuries

ひとくちサイズの
文系のための超わかりやすい
数学

第3部　代数

第4部　幾何学

第5部　統計

第6部　確率

はじめに

この本を始めるにあたって，数学がありとあらゆるところに存在し，いかに重要なものなのかと主張することもできます。けれども，皆さんはすでにそんなことは聞いたことがあるでしょうし，そもそも，それが知りたくてこの本を読み出したわけではないでしょう。

数字に強くて数学が得意だと職を得るのに有利だ，と言って始めることもできます。とりわけ近年，科学技術が私たちの暮らしを支配しているのですから，数学に強い人は素晴らしいキャリアを築いていくことができるかもしれません。けれども，正直なところ，この本を読んでも仕事を見つけられるわけではありません。

私は，数学のスキルとは学ぶことができるものだと皆さんに伝えて，この本を始めたく思います。数学というと，多くの人がおびえます。まるで病気のように，すでに感染している人からうつるのです。親から，友達から，そのうえ教師からうつることまであり，私たちは，数学が限られた人たちだけのものだと思わされてしまいます。数学に適した脳をもって生まれた幸運な人たち。その人たちは何の苦労もせずに数学を使い，そうでない私たちは自分が愚かだと感じさせられます。

でも，これは真実ではありません。

誰でも，やる気があれば，数学を身につけることができます。もちろん，他のスキル同様に，時間と努力が必要です。確かに，他の人より短時間で身につけられる人もいるでしょうが，これは学ぶ価値のあるほとんどの分野にいえることです。皆さんが忙しいことはわかっています。理解しやすく小刻みなものをお望みでしょう。少しずつ学び，前に学んだものの上に積み重ねていけばよいのです。そうすれば，たいした苦労をせずに，私たちのまわりの世界を説明する概念を理解することができます。

この本はいくつかの部分に分けてみました。学校で学ばれたもっと基礎的なことを思い出されるでしょうが，私がめざしているのは，そうしたことをさっさとおさらいし，おそらく皆さんが触れてこなかった，数学の本当におもしろいところへ進んでいくことです。皆さんは，この本を最初から最後まで順番に読んでもいいですし，気分にまかせて違う部分を読むこともできます。つまり，同時に全６品コースとビュッフェを兼ねているのです。

スパイスを効かせるために，いろいろな逸話も含めてあります。発見がどのように行われたのか，誰が発見したのか，またその途上でどんな失敗があったのかといった話です。面白く楽しめるだけでなく，数学という学問は，我々の祖先が世界を知ろうと，どう取り組んだのかを多々教えてくれる，活気ある歴史を持っていることに気づかされるでしょう。有名な天才数学者たちがそこへ到達するまでに努力したということもです。ちょうど私たちが努力するように。さあ，ごちそうを楽しみましょう。皆さんがお腹を空かせていますように。

第 1 部
数

第1章

数の種類

64%の人々がスーパーコンピューターを操作しています。2017年には，将来，全世界の携帯電話所有者数は48億人に達し，全世界の人口は75億人になると予測されました。そして，日系アメリカ人物理学者ミチオ・カク(1947年生まれ)は，「今日の携帯電話は，宇宙飛行士2名を月に送った1969年当時NASAが保有していたすべてのコンピューターを合わせた処理能力を上回っている」と言いました。NASAは，IBMと共に開発したメインフレームコンピューター，いわゆる初期のスーパーコンピューターを含むシステムを使っていたのです。この大変な進歩を伝えたくて，最初にちょっと皆さんを驚かせてしまいました。

携帯電話があれば指一本で，必要な計算を行うことができるのです。そんな時代に，なぜわざわざ計算を学ぶのでしょうか？

なぜなら，計算ができるようになると，数の仕組みがわかりだすからです。数の仕組みを研究する学問はアリスマティックと呼ばれたものですが，今この言葉は計算を行うことを指しています。一方，数の仕組みや性質を研究する学者は数論学者(ナンバー・セオリスト)と呼ばれるようになり，この世界の数学的な成り立ちと，無限の性質を明らかにしようと，努力を重ねています。手ごわい対象です。

さて，まずは皆さんといっしょに動物園に行きましょう。

人類は最初に物を数えだしたとき，一つの物から始めて整数で数え上げていきました。これらの数は自然数と呼ばれます。それを，檻が無限にたくさんある数学的動物園に入れるとします。どの数も一つずつ檻が必要です。

1, 2, 3, 4, 5, 6 ……

0個のリンゴの山などありえませんから，古代ギリシャ人は0が自然数だと思いませんでした。でも，私たちは0を自然数に入れましょう。負の整数すなわちマイナスの数との橋渡しをしてくれるのですから。そして，0と負の整数をこの動物園に加えると，次のようになります。

…… －6, －5, －4, －3, －2, －1, 0, 1, 2, 3, 4, 5, 6, ……

これで，私の動物園はすべての負の整数を含みます。負の整数と自然数の両方を合わせると，ご想像通り，整数と呼ばれる数のグループになります。正の整数それぞれに負の整数を対応させることができますので，この動物園には以前の倍の檻が必要で，さらに0のためにもう1個檻が必要ということになります。しかしながら，この無限の動物園はすでに無限なのですから，規模を広げる必要はありません。前に述べた手ごわい対象というのは，こういうことです。

整数ではない種類の数もあります。ギリシャ人はリンゴの山で喜んでいたかもしれませんが，私たちは，1個のリンゴを何人かで分け合うことができると知っています。それぞれがリンゴの分数個をもらうのです。私も各分数を動物園に入れたいと思います。

0と1の間の分数をすべてあげていくとしたら，2分の1から始め，3

分数

分数は整数の間の数を示し，一つの数（分母）の上に横棒（分数線）を引き，その上にもう一つの数（分子）を書いて表します。たとえば，半分はこのようになります。

$$\frac{1}{2}$$

1は分子，2は分母です。1を2で割った数値を示すため，このように書きます。1個を二人で分けたときに一人がもらえる分を表しています。$\frac{3}{4}$は3個を4人で分けたときで，それぞれが$\frac{3}{4}$ずつもらえます。

分の1，2，そして4分の1，2，3等へ進んでいくのが理屈にかなっていることでしょう。この方法で進めれば何か抜かしてしまうこともなく，すべての分数をリストにできるはずです。そのためには，分母（分数の下の数）として全自然数をあげていかなくてはなりません。そして，その各分母ごとに，すべての異なる分子（分数の上の数）をあげることが必要ですので，1から始めて分母と同じ数をめざして数え上げることになります。

いったん0から1までの分数を全部あげ終えたら，他のすべての自然数の間にこの分数全部を当てはめていけばよいでしょう。0と1の間の全分数それぞれに1を加えていけば，1と2の間の全分数になるはずです。そして，全分数それぞれに3を加えていけば，3と4の間の全分数のリストになるはずです。この加える作業によってすべての自然数の間を埋めることができ，引く作業をすれば，負の整数の間の分数も同じように埋めることができるでしょう。

この動物園には無限の整数があり，今度はその整数の間にある分数のための無限の檻が必要となりました。つまり，合わせて，無限掛ける無限の檻が必要ということです。すごい大仕事のように思えますが，幸運なことに私のところには十分な檻があります。

分数はratio（比）として書き表すこともできます。そのため，分数はrational number（有理数）と呼ばれます。今，私の動物園にはすべての有理数があり，そこには，自然数を含む整数（すべての整数は1で割る分数の形で書き表すことができます）も含まれています。これで完成です。

でも，ちょっと待って下さい。2,500年前にインドの数学者たちは，分数として書き表すことのできないいくつかの数があると言いました。「いくつか」と言いながらも，これは実際のところ，無限を意味していました。彼らは，どんな数も2乗（ある数を自らと掛ける）して2になることができないことを発見したのです。ですから，2の平方根は有理数ではありません。2の平方根は，小数点以下に無限に数が続いてしまい，またその数の列が循環せず分数に直すことができないため，平方根を表す根号という記号を使い，$\sqrt{2}$と示します。この他にも，有理数でない，大変重要な数がいくつもあり，書き取り不可能な数を書いていくことは時間の無駄ですので，それぞれ記号を使います。その例であるπ，e，φの三つにのちほど触れましょう。このような数は無理数と呼ばれ，これも私たちの動物園に入れる必要があります。連続する有理数の間にいくつの無理数があると思われますか？　はい，その通り無限です！　しかしながら，私は，さらに檻を用意することなく，まだこれらの数字を動物園に押しこむことができるのです。もっとも，カントールなら，この点について何か言いたいことがあるかもしれません（16ページ参照）。

平方と平方根

ある数を自らと掛けることを，その数を2乗するといいます（自乗，平方ともいいます）。指数と呼ばれる小さな2を使って表します。

$$3 \times 3 = 3^2$$

3の2乗は9です。ということは，3が9の平方根ということになります。平方根は2乗の逆です。4の2乗は16ですから，4は16の平方根です。

$$\sqrt{16} = 4$$

9や16のような数は完全平方と呼ばれます。平方根が整数だからです。分数や小数を含めて，どんな数も2乗することができます。どんな正の数にも平方根があります。

詳しくは61ページ参照。

無理数と有理数を一緒にしたのが，数学者が実数と呼ぶものです。今までのパターンから推測して，実数でない数も存在するのだろうと思われるでしょう。その通りです。しかし，ここではそこまで広げずに，この動物園を「無限実数動物園」と名付けることにします。たいていの動物園は動物を種類ごとに分けていますので，この動物園も重なり合う種類を整理してみます。動物園の地図は右ページの図のようになるでしょう。皆さんが見て回りやすいように，必ず見るべき物を入れてみました。

私がこの動物園を作ることができたのは，ドイツの数学者ダフィット・

無限実数動物園

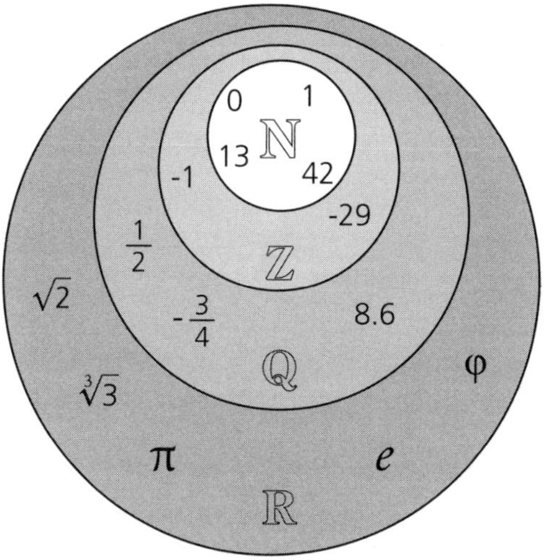

記号：

ℕ 自然数

ℤ 整数

ℚ 有理数

ℝ 実数

ヒルベルト（1862~1943）のおかげだと，正直に伝えておかなくてはなりません。もちろん，ヒルベルトは数学に大きな貢献をしましたが，この学問に携わる人々のリーダーとしてさらに知られています。1900年の国際数学者会議で，ヒルベルトは23の未解決の問題を提起しました。そのうち三つは今日も未解決のままです。私の動物園は，有名な思考実験による「ヒルベルトの無限ホテル」から考えたものです。ヒルベルトはまず，客室が無限にたくさんあるホテルに無限にたくさんの客を泊めて満室にしました。そして，宿泊中の無限の客全員に各自の部屋番号の２倍の数の部屋番号へ移ってもらえば，またさらに新たな無限の客を泊めることができると気づいたのです。宿泊中の客は全員偶数の部屋番号へ移ることになり，奇数の部屋番号の部屋（これも無限にたくさんあります）が新しい客のために残ります。

第2章

カントールの数え上げ

ガリレオ・ガリレイ(1564~1642)は，異端とされていた地動説を唱えたためにイタリアで自宅軟禁の刑を受け，その間に「ガリレオのパラドックス」として知られるおもしろい問題を考えつきました。

自然数の一部は平方数(14ページ参照)ですが，ほとんどの自然数は平方数ではありません。ですから，平方数でない数の方が，平方数より多く存在するに違いないといえます。しかしながら，すべての自然数は二乗すれば平方数を生み出せるのですから，自然数と同じ個数の平方数が存在するはずだともいえます。となると，これはパラドックスです。この二つの論理がともに真実となることはありえないのですから。

数論学者たちは，すでに触れたように，無限の性質とその奇妙な計算に挑み続けていました。集合論は，前の章で皆さんと「無限の数の動物園」を見たときにも使ったものですが，ドイツの数学者ゲオルク・カントール(1845~1918)が創始しました。カントールは，無限には異なるタイプがあるということに気づいたのです。そして，「集合の濃度」，つまりその集合に属する要素がいくつあるのかということに取り組みました。たとえば，太陽系の惑星をまとめた集合を集合Aとすると，集合Aの濃度は8になります。(冥王星がなぜ惑星から外されたのかについては144ページ参照。)

カントールは無限集合にも注目しました。自然数は無限にたくさん存在しますが，これは数え上げることのできる無限，可算無限であると指摘したのです。1から順番に数えていくと，無限大に向かって進むことができます。無限大に到達することは決してできませんが，めざして進むことはできるのです。カントールは，自然数全体の集合の濃度を$\aleph_0$（アレフゼロ）と定めました（アレフはヘブライ語のアルファベットの最初の文字）。他のどのような数の集合も，数え進むことができるものの濃度はアレフゼロです。自然数だけでなく負の整数を含めても，やはり数え上げて進むことができますので，整数全体の集合も濃度はアレフゼロということになります。

次に，0から1までの有理数すべての集合について考えてみましょう。0から始めて1をめざし，すべての分数を書きだそうと試みることができます。そして，その分数の可能な分母すべてをあげようとすると，つまりは自然数をあげていくことになります。分子の方もまた，自然数の中からということになりますので，結局，0から1までの有理数の集合も濃度がアレフゼロなのです。そして，同じように考えると，有理数全体の集合も濃度はアレフゼロということになります。

ガリレオのパラドックスに戻ると，自然数全体の集合と完全平方全体の集合は両方とも濃度がアレフゼロだということがおわかりでしょう。ということは，実のところ，同じサイズなのです。もうパラドックスではありません。カントールのおかげです！

要するに，濃度がアレフゼロの集合は順を追って数え上げていくことができます。たとえ無限に数え上げ続けなくてはならないとしても。それからカントールは，無理数について考え，順を追って数え上げることのできない集合を思いつきました。カントールの対角線論法は，すべての無理数を小数で書き表してリストにしようとすると，必ずそのリストから新しい無理数を作ることができることを見せてくれたのです。この新しい無理数を集合に加えれば，その新しい集合から，また新しい無理数を作ることができるのです。この永遠の繰り返しは，残っている数をずっと見つけ続けるのですから，無理数を数え上げるのが不可能であることを示しています。カントールは，このような集合は非可算であるとして，濃度$\aleph_1$（アレフワン）と定めました。

カントールも，また彼に続いた多くの数学者も，アレフゼロとアレフワンの関係について大変時間をかけて取り組みました。カントールは連続体仮説を提唱し，アレフゼロとアレフワンの間の濃度をもつ集合はないと主張しました。つまり，可算集合と非可算集合の間には何もないということです。その後この連続体仮説は，集合論を使って，証明も反証もできないことが明らかになりました。

確かなのは，それまで哲学者や神学者のみが真剣に考えてきた，無限という概念に，カントールが取り組み，数学のまさに土台となる新しい考え方が勢いよく始まったということです。けれども，カントールの考えはさまざまな批判や口論を生み，そのためカントールは辛い思いをして，人生の後半はノイローゼで苦しみました。今となっては，ヒルベルトが23の問題（15ページ参照）の中に連続体仮説を含めたことで，カントールの成し遂げたことが偉大であると，人々にわかってもらえることを願うだけです。無限にすら違いがあるという考えは，間違いなく，驚くべきものに違いありません。

第３章

数と計算

私は，皆さんが数え方を知っているという前提で話しています。物を数えられない大人には会ったことがありません。算数の最初の一歩で，たいてい学校に行きはじめる前に覚えます。多くの子どもたちは，数が何であるか理解する前に，１から10までオウムのようにそらで言えるようになるものです。

数学とは，ある意味，特定の結果を達成するために使える特定の原理を理解することに基づいていると言えるでしょう。理解と手順。しかしながら，私たちの多くは理解の部分に至らないまま（あるいは，そもそも理解する機会を与えられないまま），ただ手順を覚えるだけになってしまいます。困ったことに，他のどんなスキルにも言えるのでしょうが，これを見過ごすとますますひどいことになるのです。理解も次第に消えていくものですが，理解していない手順の記憶と同じようにではありません。私が数学で大変好きなことは，自分が北半球の小さな島に住むごく普通の人間でありながら，数千年もの間に多くの人々や文化が築いてきた理解のピラミッドの頂上にいるということです。私のピラミッドよりもはるかに高い数学のピラミッドに立つ人が大勢いることでしょうが，私は他の人たちがそれぞれのピラミッドを築く手伝いをする職業を選びました。そして，その経験から，どれだけ事実やアルゴリズムやプロセスを記憶することが得意でも，そんなことは大事ではないと知りました。土台として理解がないと，そのピラミッドはある時崩れてしまうでしょう。

計算を紙と鉛筆で行う方法を見ていく前に，＋と－記号の二重の性質について話しておきたく思います。この二つの記号が最初に西洋で紹介されたのは，1400年代後半以降のドイツでした。ヨハネス・ウィッドマン（1460頃～1498頃）が1489年に記した商業用の算術書が，この記号の使われた最も古い印刷物です。この最初のときから記号にはそれぞれ二つの意味があり，それを区別するのに苦労する人たちがいるのです。

どちらの記号も，足すか引くかの演算の意味に使うこともできれば，正か負かの符号として使うこともできます。この記号は同時に，手順の指示と特徴の説明であり，動詞と名詞なのです。＋3は「3を足す」あるいは「正の数である3」という意味です。さて，どちらの意味で使われているのか，どうしたらわかるのでしょう？

数学教育では，数直線の概念が大変よく使われています。これは，暗算をしたり，「大なり」「小なり」の概念を把握するときに役立つ想像上の線です。私はよく生徒たちに，横の線が見えるのか縦の線が見えるのか，数がどの方向へ行くのが見えるのか尋ねます。これについては，きっと面白い研究ができることでしょう。とりあえず，ここでは，温度計のように縦の数直線を使うことにします。

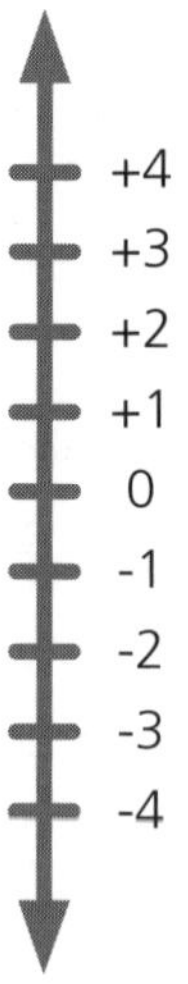

ここでは特徴の説明としての＋と－を見ることができます。それぞれの数が正の数なのか負の数なのかを示しています。正であることを説明する＋は普通わざわざ書きませんが，ここでは数直線の正の数の部分をはっきりさせるために付けておくことにします。0はちょうど真ん中にあり，正の数でも負の数でもありません。

さて，あなたは数学熱気球のキャプテンになったと想像してください。気球の高さを変える方法は二つあります。気球の熱の量を変えることと，気球のバラスト（重り）の量を変えることです。熱は気球を上に向かわせますので正とします。気球の熱を変えるには二つの方法があります。バーナーを使って熱を加えるか，気球のてっぺんにある排気弁を開いて熱気を外に出して減らすかです。バラストは気球を下に向かわせますので負とします。バラストの量を変えるには，いくつか外に捨てるか，友達に頼んでドローンで届けてもらうかすることができます。この四つのことを数学的に表してみましょう。

方法	効果		気球が進む方向は……
バーナー使用	足す ＋	熱 ＋	↑
排気弁を開く	引く −	熱 ＋	↓
バラストを増やす	足す ＋	バラスト −	↓
バラストを捨てる	引く −	バラスト −	↑

この表の一番下の行については，ほとんどの人がそう認める（あるいは暗記している）ことですが，なぜそうなるのか本当に理解している人は多くありません。熱気球の考え方が役立つと思います。

アラビア数字

私たちが書く数字はアラビア数字と呼ばれ，インドとアラビア両方の文化によって何度も進化してきたものです。インドの天文学者アーリヤバタ（476～550）は，紀元500年ぐらいから，それぞれの位がその前の位の10倍である位取り記数法，つまり十進法を使った最初の人たちの一人です。別のインドの天文学者ブラフマグプタ（598～670）は，数字に九つの記号を使い，空の位を点で示し，この記数法をさらに改善しました。この点こそが，私たちの使っている0に進化したのです。

この新しい方法は，計算効率の良さで大変な人気となり，世界中に広がりました。9世紀には，アルゴリズムの語源となった，アラビアの数学者ムハンマド・イブン・ムーサー・アル=フワーリズミー（780頃～850頃）にも伝わり，彼はこれについて論文を書きました。それがその後ラテン語に翻訳され，西洋世界は初めてこうした数字を知ることができるようになったのです。

悲しいことに，この記数法はヨーロッパではあまり人々を引きつけませんでした。ピサのレオナルドとも呼ばれるレオナルド・フィボナッチ（1175頃～1240頃）はアラビア圏で教育を受け，1202年に著書『算盤の書』でこの記数法を使いました。この本は商人や数学者に大きな影響を与え，算盤を使う計算を捨てさせ，アラビア数字による膨大な可能性へと移行させたのです。しかしながら，この本もラテン語で書かれていたため，多くの人々は理解できませんでした。1522年にアダム・リース（1492～1559）が母語ドイツ語の著書で，このような数字の使い方を説明し，古典の教育を受けていなくても識字できる人たちがやっとこの方法を使えるようになったのです。

この気球を上下それぞれに進ませる方法を整理しましたが，これを数学者は演算と呼びます。私たちがいるところの高度，つまり数直線での位置を知りたければ，数直線での私たちの位置を演算と組み合わせて，計算をする必要があります。この計算の最初の数は私たちが今いる高度を示し，計算の残りの部分は私たちが行うことを表します。たとえば，－４＋３は次の意味になります。

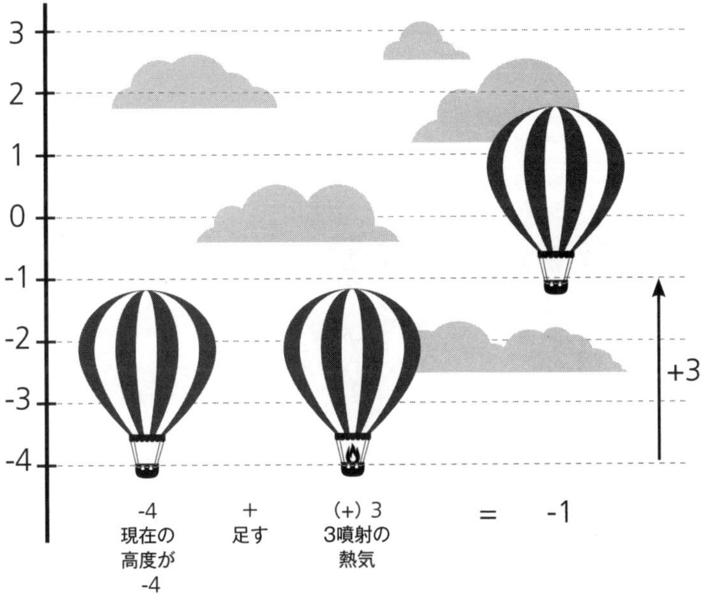

明らかに，気球は数直線を三つ分，つまり－４から－１へ上昇するという意味です。すなわち，－４＋３＝－１ということです。

（注）実際の熱気球がそのまま昇り続けることは承知しています。そのため，この気球は物理的なものではなく，数学的な数学気球としたのです。

次は今の例より若干難しい例で，-1 − −6と，負の符号がいくつも含まれていて，次の意味になります。

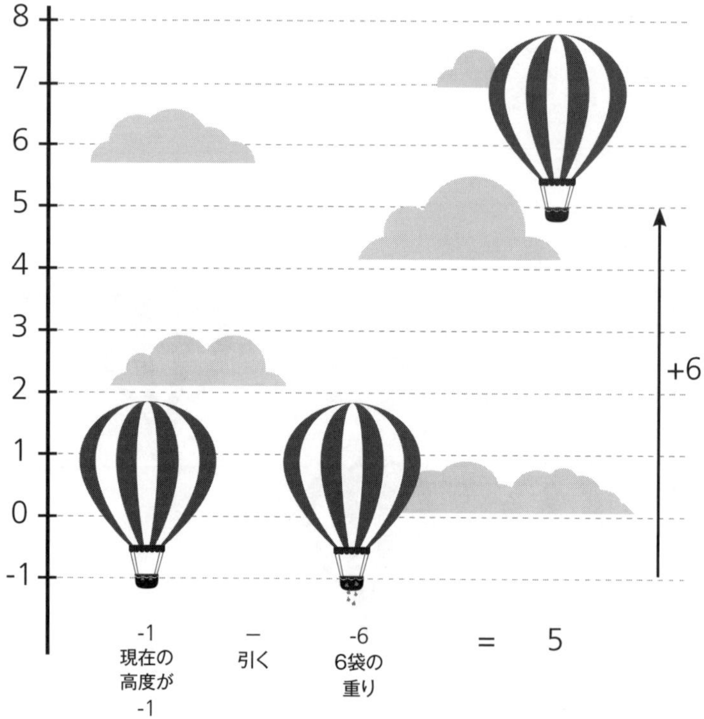

6袋のバラストを捨てると，気球は目盛り6つ分上昇します。

つまり，-1 − -6 = 5ということです。

これで,いつ気球が上昇し,いつ下降するのかわかりました。次は,もっと複雑な数や四則演算について見ていきましょう。

第４章

足し算と掛け算

紙と鉛筆で大きな数の足し算をする場合，位取りによって数字に符号化された情報に基づいて計算を行います。1234という数字の各々が，千,二百,三十,四を表していることを私たちは知っています。それぞれの位にともなう値があるからです。右から，一,十,百,千,万等々，左へ進むたびに十倍になっていきます。ですから，1234は，1が4個（4），十が3個（30），百が2個（200）と千が1個（1000）なのです。次のように書くことができます。

$$1234 = 4 + 30 + 200 + 1000$$

この数がどういう数の合計なのかがよくわかります。1234+5678 の和について考えてみましょう。上記と同じような方法で書き表すと，次のようになります。

$$1234 = 4 + 30 + 200 + 1000$$
$$5678 = 8 + 70 + 600 + 5000$$

かんたんに，同じ位，つまり，位にともなう値が同じもの同士の数を足すことができます。

1234 + 5678 : 4 + 8 = 12（一）
30 + 70 = 100（十）
200 + 600 = 800（百）
1000 + 5000 = 6000（千）

これで，1234 + 5678 = 12 + 100 + 800 + 6000 = 6912 だということがわかります。

学校で習った方法は，ただの簡略化された手順だけでした。合計のままの数字の位をそろえて書き，右から左へ足していきます。

$$
\begin{array}{rcccc}
 & 1 & 2 & 3 & 4 \\
+ & 5 & 6 & 7 & 8 \\
\hline
\end{array}
$$

最初の計算は4 + 8 = 12。一桁のスペースに12と書くことはできませんが，12 = 10 + 2 ですので，そのスペースには2と書き，10は次の計算のところへ持って行きます。

$$
\begin{array}{rcccc}
 & & & 1 & \\
 & 1 & 2 & 3 & 4 \\
+ & 5 & 6 & 7 & 8 \\
\hline
 & & & & 2
\end{array}
$$

本当のところ，次の位の足し算は 10 + 30 + 70 = 110 なのですが，今は十の位にいくつ十があるのかだけを見ていますので，1 + 3 + 7 =11個の十があるということになります。つまり，またこのスペースには入りきらない桁ができてしまいました。11 = 10 + 1 ですから，十の位に1と書き，百の位に1を持って行きます。

$$
\begin{array}{ccccc}
 & & 1 & 1 & \\
 & 1 & 2 & 3 & 4 \\
+ & 5 & 6 & 7 & 8 \\
\hline
 & & & 1 & 2
\end{array}
$$

100 + 200 + 600 = 900

$$
\begin{array}{ccccc}
 & & 1 & 1 & \\
 & 1 & 2 & 3 & 4 \\
+ & 5 & 6 & 7 & 8 \\
\hline
 & & 9 & 1 & 2
\end{array}
$$

そして最後に，1000 + 5000 = 6000

$$
\begin{array}{ccccc}
 & & 1 & 1 & \\
 & 1 & 2 & 3 & 4 \\
+ & 5 & 6 & 7 & 8 \\
\hline
 & 6 & 9 & 1 & 2
\end{array}
$$

掛け算は，足し算の繰り返しを素早く行う方法です。12 × 17 が聞いている質問は，「17が12個あるといくつになりますか?」ということです。12個の17，あるいは17個の12を足して答えを出すこともできますが，すでに九九を覚えているのなら，掛け算の方がずっと速く答えを出せるでしょう。

おはじきをたくさん持っているとします。17個のおはじきの列を12列作って数えれば，12×17 の問題を解くことができます。

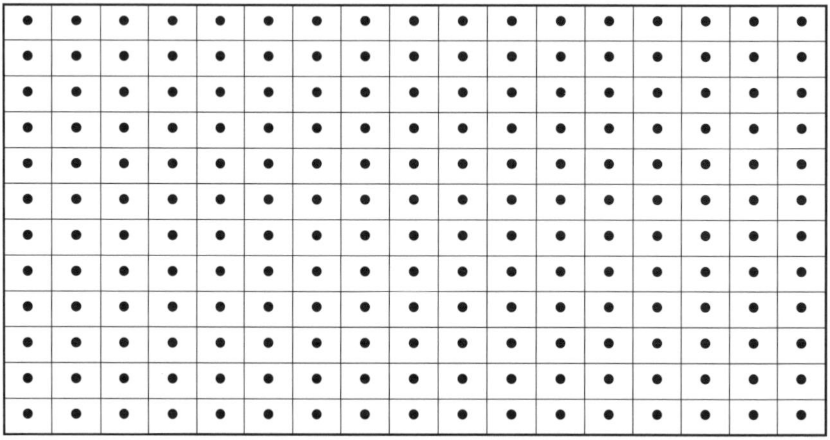

ここで，12は $10 + 2$ で，17は $10 + 7$ として考えれば，おはじきをグループに分けることができます。

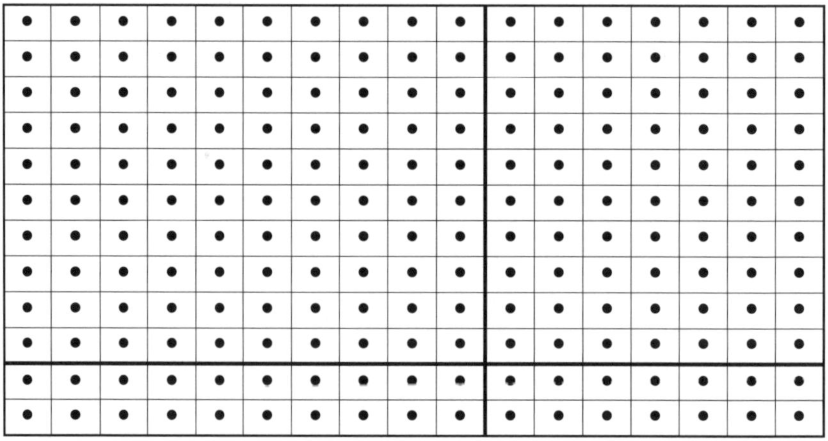

私は九九を知っていますから，それぞれ分けた部分にいくつのおはじきがあるのか，すぐわかります。

	10	7
10	10 × 10 = 100	10 × 7 = 70
2	2 × 10 = 20	2 × 7 = 14

これで，$12 \times 17 = 100 + 70 + 20 + 14 = 204$ であることがわかります。(実際には204個ものおはじきを並べることはしませんが) これはグリッド・メソッドと呼ばれています。次に，もうちょっと難しい，293×157 の解き方です。

	200	90	3
100	100 × 200 = 20000	100 × 90 = 9000	100 × 3 = 300
50	50 × 200 = 10000	50 × 90 = 4500	50 × 3 = 150
7	7 × 200 = 1400	7 × 90 = 630	7 × 3 = 21
	31400	14130	471

九九の表の数より大きい数の掛け算をどのように計算したのかと思った方もいるかもしれません。それには，うまい方法があるのです。整数に10を掛けるたびに，数の末尾に0を加えるのです。たとえば，100 × 200 なら，100 は 1 × 10 × 10 で，200 は 2 × 10 × 10 だとわかっています。まとめると次のようになります。

$$
\begin{aligned}
100 \times 200 &= 1 \times 10 \times 10 \times 2 \times 10 \times 10 \\
&= \underline{1 \times 2} \times 10 \times 10 \times 10 \times 10 \\
&= 2 \times 10 \times 10 \times 10 \times 10
\end{aligned}
$$

2の後にある「×10」はどれも0を付けるという意味ですから，100 × 200 = 20000 となります。私はグリッドを使って掛け算をするときいつもこの手順全部を行うわけではなく，先頭の位の数だけを掛け，その計算に含まれている0を右側に付けます。たとえば, 50 × 200 なら，私が考えるプロセスは 5 × 2 = 10 で，それに0を3個付けます。そうすると，50 × 200 = 10000。正解です。

先ほどのグリッドに戻ると，私がそれぞれの位の数を合計したことがわかるでしょう。最終的な答えは 31400 + 14130 + 471 で，足し算で合計を出せます。

$$
\begin{array}{cccccc}
 & & 1 & 1 & & \\
 & 3 & 1 & 4 & 0 & 0 \\
 & 1 & 4 & 1 & 3 & 0 \\
+ & & & 4 & 7 & 1 \\
\hline
 & 4 & 6 & 0 & 0 & 1
\end{array}
$$

最終的な答えは，$293 \times 157 = 46001$。

筆算を含めて他にも方法がありますので，あなたがうまくいく方法があるのなら，それを使いましょう。さあ，次は足し算と掛け算の分身，引き算と割り算へ移ります。

小数

位取りの考え方は両方の方向に使えるものだと，ここで指摘しておきましょう。1の位から右側は，右へ進むたびに十分の一ずつ小さくなります。つまり，十分の一, 百分の一, 千分の一と小さくなっていきます。なので，小数点を使って，その右側は1より小さいことを示します。そして，今までと同じ方法で小数の足し算をすることができるということになります。たとえば，45.3 + 27.15。

$$
\begin{array}{cccccc}
 & 1 & & & & \\
 & 4 & 5 & . & 3 & 0 \\
+ & 2 & 7 & . & 1 & 5 \\
\hline
 & 7 & 2 & . & 4 & 5
\end{array}
$$

位がぴったり合うように，45.3の末尾に0を付けたことに注目してください。これによって計算をより明確にすることができます（とりわけ引き算のときに重要となります）。ここでは45.3 と 45.30 はまったく同じだから，このようにできるのです。3個の十分の一に0個の百分の一を足しても, 3個の十分の一に変わりありません。このため, 数学者は45.30を，四十五点三十とは言わず，四十五点三ゼロと言うのです。

ネイピアの骨

ジョン・ネイピア（1550~1617）はスコットランドの数学者，天文学者，そして錬金術師で，「ネイピアの骨」として知られる，掛け算をするための計算棒のセットを発明しました。それぞれの数の掛け算の計算棒があり，たとえば3を掛ける掛け算の計算棒はこんなものです。

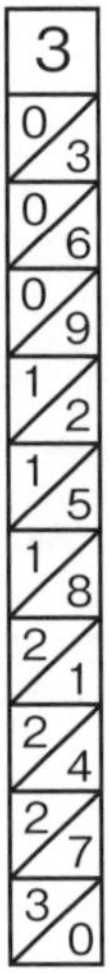

9 × 371の計算をするには，3を掛ける計算棒，7を掛ける計算棒，1を掛ける計算棒を左から隣同士に並べ，それぞれの9番目の正方形を見ると，こんなふうになります。

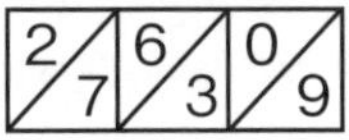

次に，右から，斜線で区切られた部分の数字をそれぞれ足していきます。合計が9より大きくなった場合は，左の斜線に区切られた部分に持っていきます。

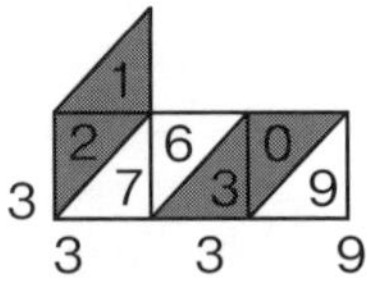

つまり，9 × 371 = 3339 ということになります。

ネイピアは，黒いオンドリをかわいがり，魔術に手を出したと噂されていました。定期的に召使それぞれに，一人だけでオンドリのいる部屋へ入り，オンドリにさわるように命じました。オンドリには召使が正直者かどうか感じることができるからと。けれども実際，ネイピアはオンドリの羽に煤《すす》をつけていました。悪いことがばれるのではないかと恐れた者はオンドリにさわらなかったため，手にまったく煤がつかず，知恵を使ったネイピアにはその召使が何か悪いことをしたに違いないとわかったのでした。

第５章

引き算と割り算

引き算の仕組みは足し算と非常に似ています。たとえば，6543 - 5678 は次のように行います。

$$
\begin{aligned}
6543 - 5678:\ & 3 - 8 = -5 \\
& 40 - 70 = -30 \\
& 500 - 600 = -100 \\
& 6000 - 5000 = 1000
\end{aligned}
$$

つまり，$-5 + -30 + -100 + 1000 = -135 + 1000 = 865$ ということです。また位を合わせて筆算できるのですが，足し算ではその位に多すぎる数になると次の位に数を持っていきました。引き算ではその反対の問題が起きます。たとえば，上の式を使うと，次のようになります。

$$
\begin{array}{ccccc}
 & 6 & 5 & 4 & 3 \\
- & 5 & 6 & 7 & 8 \\
\hline
 & 1 & -1 & -3 & -5
\end{array}
$$

このままではあまり意味がありません。正しい答えを見つけるためには，数を借りてこなくてはなりません。借りてくると言っても，返すことはないのですから，盗むと言った方がぴったりだと生徒に指摘されたことがありますが。

3 - 8 が負の数になると気づいたら，隣の位から数を借りてきて3をより大きい数にします。4を線で消して，4から1少ない数にします。借りてきた1は実のところ十ですから，3は13になります。13 - 8 = 5 で，次のようになります。

$$\begin{array}{rcccc} & & & 3 & \\ & 6 & 5 & \cancel{4} & {}^{1}3 \\ - & 5 & 6 & 7 & 8 \\ \hline & & & & 5 \end{array}$$

次の位もまた 3 - 7 = −4 で負の数が答えです。そのため，また隣から百を一つ借ります。1個の百は10個の十ですので，十は3個から13個に増え，次のように計算を進めることができます。

$$\begin{array}{rcccc} & & 4 & {}^{1}3 & \\ & 6 & \cancel{5} & \cancel{4} & {}^{1}3 \\ - & 5 & 6 & 7 & 8 \\ \hline & & & & 5 \end{array}$$

そして，百の位の計算でも，また借りることが必要で，そうすると千の位は0になります。

$$\begin{array}{rcccc} & 5 & {}^{1}4 & {}^{1}3 & \\ & \cancel{6} & \cancel{5} & \cancel{4} & {}^{1}3 \\ - & 5 & 6 & 7 & 8 \\ \hline & 0 & 8 & 6 & 5 \end{array}$$

つまり，6543 - 5678 = 865 ということです。

前の章では，足し算と掛け算が緊密に関係していることを見ていきました。引き算と割り算も同じです。3785 ÷ 15 は「15がいくつ3780の中にありますか？」ということで，つまりは「3780から何回15を引くことができますか？」という意味です。これはチャンキング（小分けにする）と呼ばれる割り算の方法で，0になるまで割る数の倍数を引き続けて行きます。

まず最初に，私は 2 × 15 = 30 であることを知っています。となると，200 × 15 は3000に違いありません。そこで，それを3780から引くことから始めます。

$$\begin{array}{rccccl} & 3 & 7 & 8 & 0 & \\ - & 3 & 0 & 0 & 0 & \quad 200 \\ \hline & & 7 & 8 & 0 & \end{array}$$

この引き算の答えは780です。また15について考えると，4 × 15 = 60 であることを知っていますので，40 × 15 = 600 だとわかります。これを，次のように引きます。

	3	7	8	0	
−	3	0	0	0	200
		7	8	0	
−		6	0	0	40
		1	8	0	

そして最後に，12個の15を2回に分けて引きます。

	3	7	8	0	
−	3	0	0	0	200
		7	8	0	
−		6	0	0	40
		1	8	0	
−		1	5	0	10
			3	0	
−			3	0	2
				0	

これで，$200 + 40 + 10 + 2 = 252$個の15を引いた，つまり $3780 \div 15 = 252$ だということがわかります。掛け算が得意なほど，小分けにする回数を少なくして計算することができるでしょう。

割り算の筆算を苦手に思う方もいるかもしれませんが，これもまったく同じ考え方です。

```
     _______
15 ) 3 7 8 0
```

まず左から始めます。15は2桁ですので，３と７を見ることになります。つまり，37の中にはいくつ15があるでしょう？　二つですから，30が中にあるということになり，引き算で残りの数を計算します。

```
       2
     _______
15 ) 3 7 8 0
     3 0
     ---
       7
```

今度は，引き算で出した７に注目し，次の位の８を７の隣に書きます。78の中に15はいくつあるでしょう？　５個の15は75ですから……

```
       2 5
     _______
15 ) 3 7 8 0
     3 0 ↓
     ---
       7 8
     − 7 5
     -----
         3
```

最後に，今出した答えの横に０を持っていき，30の中にいくつ15があるか考えます。

$$
\begin{array}{r|l}
 & \ 2\ 5\ 2 \\ \hline
15 & 3\ 7\ 8\ 0 \\
 & 3\ 0 \\ \cline{2-2}
 & \ 7\ 8 \\
 & -\ 7\ 5 \\ \cline{2-2}
 & \ 3\ 0 \\
 & \ -\ 3\ 0 \\ \cline{2-2}
 & \ 0
\end{array}
$$

暗算を使う方法も，余りを出す計算を頭の中でやり，次の位に書いていくだけで，同じ考え方です。この方法は分数を小数に直すときに役立ちます。たとえば，$\frac{5}{8}$を小数で知りたければ，5 ÷ 8 を計算します。

$$
8\ \overline{)\ 5\qquad\qquad}
$$

5の中に8は0個あり，残りは5です。次に，小数点と0を書くまで，この残りの5を書く場所はありません。5 = 5.0ですから，小数点と0を書くことができ，小数点をそろえて次のように書きます。

$$
\begin{array}{r|l}
 & 0. \\ \hline
8 & 5.\ \ {}^{5}0
\end{array}
$$

50の中に8は6個あり，残りは2です（必要に応じて小数点の後に0を加えていきます）。

$$\begin{array}{rl} & 0.\;\;6 \\ 8 & \overline{)\,5.\;\;{}^{5}0\;\;{}^{2}0\;\;\;\;} \end{array}$$

20の中に8は2個あり，残りは4です。

$$\begin{array}{rl} & 0.\;\;6\;\;\;2 \\ 8 & \overline{)\,5.\;\;{}^{5}0\;\;{}^{2}0\;\;{}^{4}0} \end{array}$$

40の中に8はぴったり5個あります。

$$\begin{array}{rl} & 0.\;\;6\;\;\;2\;\;\;5 \\ 8 & \overline{)\,5.\;\;{}^{5}0\;\;{}^{2}0\;\;{}^{4}0} \end{array}$$

これで，$\frac{5}{8} = 5 \div 8 = 0.625$であることがわかりました。この方法はどんな分数にも使えますが，より難しいものには筆算を使いたくなることでしょう。次の章では，なかなかこのようにうまくいってくれない分数について見ていきます。

第６章

分数と素数

分数をどう小数にするかについて見てきたばかりです。ここで $\frac{1}{3}$ について考えてみましょう。次のように，おもしろいことが起きます。

$$\begin{array}{r|l} & 0.\ \ 3\ \ 3\ \ 3\cdots\cdots \\ \cline{2-2} 3 & 1.\ \ {}^{1}0\ \ {}^{1}0\ \ {}^{1}0\cdots\cdots \end{array}$$

同じ数が延々と続くことに，すぐお気づきでしょう。10の中に３は３個あって，余り１です。これがずっと繰り返されます。このような小数は循環小数と呼ばれ，繰り返しになる数字に点を付けて表します。

$$\frac{1}{3} = 0.\dot{3}$$

７分の１はもっとおもしろいことになります。

$$\begin{array}{r|l} & 0.\ 1\ 4\ 2\ 8\ 5\ 7\ 1\ 4\ 2\ 8\ 5\ 7\ 1\ 4\ 2\ 8\ 5\ 7\cdots \\ \cline{2-2} 7 & 1.\ {}^{1}0\ {}^{3}0\ {}^{2}0\ {}^{6}0\ {}^{4}0\ {}^{5}0\ {}^{1}0\ {}^{3}0\ {}^{2}0\ {}^{6}0\ {}^{4}0\ {}^{5}0\ {}^{1}0\ {}^{3}0\ {}^{2}0\ {}^{6}0\ {}^{4}0\ {}^{5}0\cdots \end{array}$$

今度は，複数の数字の並びが繰り返し続きます。これは，繰り返しの始めと終わりに点を付けて表します。

$$\frac{1}{7}=0.\dot{1}4285\dot{7}$$

さらに，7分の1から7分の6まで，始めと終わりが異なるだけの同じ繰り返しが起きます。

$$\frac{2}{7}=0.\dot{2}8571\dot{4}$$

$$\frac{3}{7}=0.\dot{4}2857\dot{1}$$

$$\frac{4}{7}=0.\dot{5}7142\dot{8}$$

$$\frac{5}{7}=0.\dot{7}1428\dot{5}$$

$$\frac{6}{7}=0.\dot{8}5714\dot{2}$$

もっとチャレンジされたい方は，19分の1から19分の18を見てみて下さい。

分数の分母を見れば，循環小数か，ある桁で終わる小数（有限小数）なのか知ることができます。分母を何倍かして10の累乗（10，100，1000等）になるかどうかによるのです。もしできる場合は，限りある小数に変換することができます。

それに取り掛かる前に，同値分数と呼ばれる大変重要な数学の概念について触れておくべきでしょう。同じ値の異なる分数のことです。ピザを例にするとわかりやすいでしょう。ピザを半分ずつ分けるときに，異なる数のスライスに切って分けることができます。それでもピザの量は同じなのです。このように，2分の1は2個の4分の1と同じであり，3個の6分の1と同じである等ということは，学校でかなり早いうちに覚えたことでしょう。

$$\frac{1}{2} = \frac{2}{4} = \frac{3}{6}$$

おそらく，「上の数にすることは何でも，下の数にも同じようにする」と，算数の先生から習ったのではないでしょうか。けれども，それが同じ値を保つためにすることだという説明はなかったかもしれません。

この方法で分数を小数にすることができます。たとえば，$\frac{51}{250}$は割り算をしたくなる分数ではありません。しかしながら，分子と分母に4を掛ければ，次のようになります。

$$\frac{51}{250} = \frac{51 \times 4}{250 \times 4} = \frac{204}{1000} = 0.204$$

成功です。次は，分母に掛け算をして10の累乗を得られるかどうか，どうしたらわかるのかについて考えてみましょう。

これを考えるには，素数の概念を理解することが必要です。素数は大変長い間，多くの数学者を惹きつけてきたものです。簡潔に言うと，素数というのは約数（因数）を2個のみ持つ自然数です。たとえば，8は1，2，4，それから8自体で割ることができますから，4個の約数を持つわけで，素数ではありません。5は，1と5だけ，つまり約数は2個だけですから，素数です。1の約数は1の1個だけなので，1は素数ではありません。つまり，最初のいくつかの素数を挙げると，2，3，5，7，11，13，17，19，23となります。

素数が実に特別である理由の一つは，自然数はどれも素数の積として書き表すことができ，それぞれその方法がたった一つしかないということです。これは「算術の基本定理」と呼ばれています。たとえば，次のようにです。

$$30 = 2 \times 3 \times 5$$

この他に，素数を掛け合わせて30になる組み合わせは一つもありません。2と3と5は30の素因数と呼ばれています。素因数というものは，まるで数学的DNAのように思えます。どの数も独自のもので，数には，双子やクローンの心配がないのです。たとえそれが 223,092,870のような大きい数であっても，素数の組み合わせはたった一つだけ（これは $2 \times 3 \times 5 \times 7 \times 11 \times 13 \times 17 \times 19 \times 23$）なのです。

このことがどう分数に役立つのでしょう？　先ほど言ったように，ある桁で終わる小数（有限小数）は，分母を10の累乗に変換できなくてはなりません。10の素因数は次の式でわかるでしょう。

$$10 = 2 \times 5$$

100の素因数を次のように得られることは，覚えておくと役に立つでしょう。

$$\begin{aligned} 100 &= \underline{10} \times \underline{10} \\ &= \underline{2 \times 5} \times \underline{2 \times 5} \end{aligned}$$

つまり，10の素因数は2と5で，100の素因数も（ただ個数が多いだけで）同じなのです。となると，10のどの累乗の素因数も2と5だけということになります。つまり，もし分母の素因数が何らかの2と5の組み合わせであったら，それに何かを掛けて10の累乗にできるのです。先ほどの例では分母が250でしたから，次のようになります。

$$250 = 2 \times 5 \times 5 \times 5$$

つまり，2と5だけ。4，つまり 2×2 をそれに掛けると1000になります。もし分母が240であれば，次のようになります。

$$240 = 2 \times 2 \times 2 \times 2 \times 3 \times 5$$

今度は3があります。そのため，もうそれ以上約分できないシンプルな分数の分母が240である分数はどれもみな，循環分数なのです。たとえば下のものがそうです。

$$\frac{73}{240} = 0.3041\dot{6}$$

一方，こちらを見て下さい。

$$\frac{120}{240} = \frac{120 \div 120}{240 \div 120} = \frac{1}{2} = 0.5$$

この分数は，シンプルな形にすると，もう分母に2あるいは5以外の数がありませんので，有限ということになります。

分数の足し算と引き算

分数について考えている間に，順番にその四則計算もおさらいしておきましょう。足し算と引き算をするには，同じ分母になるよう変換する必要があります。これを効率よく行うには，両方の分母が約数となる最も小さい数，つまり最小公倍数を見つけます。たとえば，8分の5と12分の7を足したいのなら，8と12の両方が約数である最小の数を見つけます。24が，8と12の倍数であることにすぐ気がつくでしょう。

$$\begin{aligned} & \frac{5}{8}+\frac{7}{12} \\ =\ & \frac{5\times 3}{8\times 3}+\frac{7\times 2}{12\times 2} \\ =\ & \frac{15}{24}+\frac{14}{24} \\ =\ & \frac{29}{24} \end{aligned}$$

これは上の数の方が大きい，つまり分子が分母より大きい仮分数です。どういうわけか，このような分数は高校卒業ぐらいのレベルに到達するまで，そのままでよいと数学では認められていません。ぱっと見ただけでわかりやすいからか，しばしば帯分数に直すことが好まれます。計算をするには仮分数の方がやりやすいのですが。仮分数を帯分数に変換するには，$\frac{24}{24}=1$ であることに基づいて，次のようにします。

$$\frac{29}{24}=\frac{24}{24}+\frac{5}{24}=1\frac{5}{24}$$

引き算も同じようにします。

$$\frac{5}{9}-\frac{1}{4}$$

36が最小公倍数

$$=\frac{5\times 4}{9\times 4}-\frac{1\times 9}{4\times 9}$$

36を分母とする分数に変換する

$$=\frac{20}{36}-\frac{9}{36}$$

$$=\frac{11}{36}$$

分数の掛け算と割り算

掛け算は単純です。分子同士，分母同士を掛ければよいのです。たとえば，次のように。

$$\frac{3}{5}\times\frac{1}{2}=\frac{3\times 1}{5\times 2}=\frac{3}{10}$$

正の数に，分子が分母より小さい正の分数を掛けると，答えは元の数より小さくなることを覚えておいて下さい。わざわざ2分の1を選んだのは，割り算を考えるときに役立つからです。上のように2分の1を掛けることは，2で割ることと同じだと気づかれたことでしょう。同じように，3分の1を掛けることは，3で割るのと同じことです。この関係を「逆数」と呼びます。2と2分の1はお互いに逆数で，2を分数の形で書くと，その仕組みがより明らかです。

$\frac{1}{2}$ は $\frac{2}{1}$ の逆数

ある数で割ることが，その逆数を掛けることと同じであるというのは，とても便利です。

$$5 \div 3 = 5 \times \frac{1}{3}$$

これを分数の割り算で使えるのです。

$$\begin{aligned} &\frac{2}{3} \div \frac{5}{8} \\ &= \frac{2}{3} \times \frac{8}{5} \\ &= \frac{2 \times 8}{3 \times 5} \\ &= \frac{16}{15} \\ &= 1\frac{1}{15} \end{aligned}$$

15の素因数は3と5ですので，$1\frac{1}{15}$は循環小数になります。

素数を見つける

素数がとても多くの数学者に注目されてきたのは，算術の基本定理であることを別にすると，素数を導くパターンや公式が未だ誰にも発見されていないからでしょう。多くの数学者が試みました。たとえば，フランスの修道僧マラン・メルセンヌ（1588~1648）はこの公式で，ある数列を計算しました。

$$M_n = 2^n - 1$$

nを1にして最初の数，次にnを2にして2番目の数と，続けていくと，次のようになります。

1，3，7，15，31，63，127，255，511，1023，2047……

メルセンヌは，この公式が生む数の一部が素数であることに気づきました。3，7，31，127が，この数列の2番目，3番目，5番目，7番目の数なのです。2，3，5，7はそれ自体が素数ですので，素数をnに使うと，この公式で素数を得られるように思えます。ところが，7の次の素数は11で，この公式を使うと$M_{11} = 2047$となり，素数ではないのです。$2047 = 23 \times 89$なのですから。

大きな素数を，暗算や筆算で見つけるのは難しいことです。たとえば，M_{107}は33桁の数ですから，何の数で割ることができるのか，つまり何が約数（因数）であるのか確かめるには，大変な時間がかかってしまいます。

こうしたものは，コンピューターを使うデジタル時代に入って，やっと苦労なく簡単に計算できるようになりました。1950年代に初期のコンピューターが，メルセンヌ素数として知られる素数の，数百桁のものを発見しました。1999年には最初の百万桁のメルセンヌ素数が発見されました。この本を執筆している時点で発見されている最大のものは，$M_{74,207,281}$で，2千2百万以上の桁になります。

どうしてわざわざここまでするのでしょう？　そもそも数学者というのは，いつも数学への単なる愛情ゆえに探索するものです。けれども，素数は，現代の暗号化方式を支える中心的なものでもあるのです。たとえば私がインターネットで，クレジットカード情報等の番号を送信したいとします。この仕組みに詳しい人にとっては，この番号を途中で横取りして私のお金を盗むことなど簡単です。

それを防ぐために，インターネットは暗号化を用い，「公開鍵」によって，送信された数字を変えて暗号化します。この鍵は，とても大きい，明らかにランダムな数の組み合わせで，実のところ，たいへん大きい素数から生み出されます。受信すべき人のみが，「秘密鍵」を持ち，実用にかなった時間内にこのプロセスを逆に行うことができます。

ウェブサイトのアドレスの最初にある ‘https’ というのは，「HyperText Transfer Protocol Secure」の略称です。そのサイトが，HyperText Transfer Protocolによる通信にSecure，すなわちセキュリティ機能を加えて，あなたのコンピューターが送受信する情報を暗号化しているという意味です。おかげで，あなたはオンラインで問題なく買い物をすることができるのです。賢い数学者たちのおかげです。

長い長い掛け算

1903年の講演で，アメリカの数学者フランク・ネルソン・コール（1861~1926）は，それまで素数であると信じられていたM_{67}を次のように黒板に書きあげました。

$$147,573,952,589,676,412,927 = 193,707,721 \times 761,838,257,287$$

それから，コールはこの掛け算を，手で行って結果を証明したのです。1時間かけて，まったく黙ったまま計算しました。「講演」が終わると，会場の皆が起立して拍手喝采を送る中，コールは何も言わずに席に戻ったのでした。

第7章

二進法

第1章で，コンピューターについて，また，やっかいな計算の作業をコンピューターにやらせてしまうことについて触れました。しかしながら，コンピューターは多くの人々の知恵と工夫による産物です。特に，コンピューターはデジタル，すなわち電気回路によって二進法を使って成り立っています。二進法というのは，それぞれの位の価値が2を累乗（14ページ参照）した値（1，2，4，8，16等）になっていて，私たちが普段数えるのに使っている十進法の十の累乗（1，10，100，1000等）ではありません。

十進法		**二進法**			
	位の値：	**8**	**4**	**2**	**1**
1					1
2				1	0
3				1	1
4			1	0	0
5			1	0	1
6			1	1	0
7			1	1	1
8		1	0	0	0

二進法を使う理由は，電気回路で用いるのにずっと簡単だからです。電圧が0か0でないか，0でなければ1であるとなります。もしアナログの十進法で，0ボルトが0，1ボルトが1を示す等のようにしてしまうと，コンピューターの部品の抵抗が熱によって変化したり，部品の間の電線の長さによって電圧が下がったりする問題にぶち当たります。

現代のコンピューターで使われているのが二進法なのですから，二進法は割と最近の発見なのではないかと思われるかもしれませんが，そうではありません。世界中のさまざまな文化がいろいろ異なる状況で二進法を使ってきました。中国で紀元前8世紀から運勢占いに用いられる『易経』は，陰と陽のシンボルの二進法によって成る卦や大成卦と呼ばれるシンボルを使っています。1600年代の終わり頃，ドイツの偉大な数学者ゴットフリート・ライプニッツ（1646~1716）は易経にとても関心を持ち，その結果，近代的な二進法を考案しました。

そこから，イギリスの論理学者ジョージ・ブール（1815~1864）は著書『思考の法則の研究』の中で，二進法を用いる論理を考案しました。その論理は，現在はブール論理として知られ，1937年，アメリカの数学者クロード・シャノン（1916~2001）によって，初めて電気回路に使用され，論理演算を行えることが世に示されました。シャノンはスイッチがオフなら0，オンなら1と，スイッチを使って2進法の情報を示したのです。

第二次世界大戦中にシャノンは，数学によって戦争に貢献したイギリスの英雄アラン・チューリング（1912~1954）に会い，コンピューターを使ってナチスの暗号を解読することについて議論しました。二人はお互いの研究が補い合えることに気づきました。シャノンは，1948年の論文「通信の数学的理論」により大きな影響を世に与え，「情報理論の父」と呼ばれています。

もしコンピューターのように計算してみたければ，幸い計算の規則は今までのものと同じです。ただ，二進法では 1 + 1 = 10 なのだと覚えておけばよいだけです。たとえば，101 + 110 は次のようになります。

$$\begin{array}{rcccc} & & 1 & 0 & 1 \\ + & & 1 & 1 & 0 \\ \hline & 1 & 0 & 1 & 1 \end{array}$$

1010 - 111 は，10 - 1 =1 なのですから，次のようになります。

$$\begin{array}{rcccc} & & 1 & {}^{1}0 & \\ & \cancel{1} & {}^{1}\cancel{0} & {}^{1}\cancel{0} & {}^{1}0 \\ - & & 1 & 1 & 1 \\ \hline & 0 & 0 & 1 & 1 \end{array}$$

101 × 110 は，こうなります（十進法の九九の知識はまったく必要ありません！）。

×	100	10	0
100	100 × 100 = 10000	100 × 10 = 1000	100 × 0 = 0
0	0 × 100 = 0	0 × 10 = 0	0 × 0 = 0
1	1 × 100 = 100	1 × 10 = 10	1 × 0 = 0
	10100	1010	0

そして，10100 + 1010 = 11110。

割り算は，1010 ÷ 100 が次のようになります。

```
          1  0. 1
100 ┌────────────
    │ 1  0  1  0. 0
 −    1  0  0  │  │
    ──────────  ↓  ↓
             1  0  0
        −    1  0  0
            ────────
                   0
```

小数にも二進法を使えます。小数点の右側の位は左から順に2分の1，4分の1，8分の1等のようになります。ですから，0.1というのは2分の1を意味します。

十進法に変換して確かめる計算は，計算練習として皆さんにお任せすることにしましょう。

コンピューターの計算速度を左右するのは，マイクロチップにスイッチ（つまりトランジスタ）をいくつ作り込めるか，発熱にどう対応するのか等の要素です。この本を執筆している現時点，小さな，商業的に出回っているチップには70億のトランジスタを作り込むことが可能です。アメリカのインテル社の創始者の1人として知られるゴードン・ムーア（1929~）が1965年に言った，技術進歩によりマイクロチップのトランジスタの数は2年ごとに倍増していくという言葉は，ムーアの法則として知られています。

ここ5年ほど，物理的に可能な限界にたどり着いたために，ムーアの法則は行き詰まっています。現在生産されているトランジスタのサイズはわずかナノメートル単位なのです。つまり，ほんの小さなところに何百万個も詰め続けることができます。そこから次にどう進むのでしょうか？

一つの可能性は，量子コンピューターを開発することです。量子力学の不思議な現象を用いるコンピューターで，理論的には従来のデジタル・

コンピューターよりもはるかに速く作動するはずです。

しかし，コンピューターがどう有効に使われるかは，それを作った人間に左右され，時に二進法と十進法の違いが命取りになることもあると覚えておくべきでしょう。1990年8月2日，イラクがクウェートに侵攻し，湾岸戦争として知られる紛争が始まりました。サダム・フセイン率いるイラクは，イスラエルがあちこちの「占領地域」から退去することを条件にクウェートからの撤退を拒み続け，8月17日には，米国や英国を含む34ヵ国の多国籍軍がクウェート解放のため「砂漠の嵐作戦」と呼ばれる攻撃を開始したのでした。

イラクの武器の一つは，冷戦時にソビエト連邦が開発したスカッド弾道ミサイルでした。弾道ミサイルは，燃料を使って大気圏を越え，引力で標的に向けて落下して行くロケットです。射程距離は数百キロメートルで，イラクはイスラエル，サウジアラビア，その他の標的の攻撃にこれを使いました。

米軍はあちこちにパトリオット迎撃ミサイルを配備しました。パトリオットミサイルは非常に高速で機敏であり，高精度のレーダーと組み合わせれば，理論的には空中でスカッドミサイルを破壊できるはずでした。

飛行中のスカッドミサイルを迎え撃つために，パトリオット・システムはレーダーの情報を使って，スカッドのスピードと方向を予測し，それによって弾道を計算してパトリオットをどこへ向けて送りこむかを決めます。パトリオット・システムがスカッドを見つけた時点では，難しすぎることではありません。単純に引力の影響によって落下してくるのですから。

これをうまく成功させるには，高精度の時間管理が必要です。

パトリオットのソフトウェアの時計は10分の1秒単位で時を刻みます。つまり，システムは毎秒10回レーダーの情報を使ってスカッドがどこへ行くか追跡し，弾道予測を新しくしているということです。

先ほどお話したように，コンピューターは二進法を使います。10分の1を二進法で表すために，1 ÷ 1010 を計算する必要があります。二進法の割り算の筆算はここでは抜かして，二進法の10分の1が循環小数であることをお教えしましょう。

10分の1= 0.0001100110011001100110011001100110011……

これは，41ページで説明したように，$0.0\dot{0}01\dot{1}$ と書き表すことができます。

パトリオット・システムが使っていたコンピューターは24桁の数まで扱うことができました。かなり精密であるように思えますが，二進法の10分の1は永遠に続く循環小数ですので，どこかで数の末尾を切らなくてはなりません。十進法に戻って考えると，これは10分の1秒（0.1秒）を計っているのではなく，実際に過ぎた時間は 0.09999991秒で，0.00000009 の誤差があるということになります。

1991年2月25日，サウジアラビアに配備されたパトリオット・システムのコンピューターは約100時間稼働していました。100時間には3百6十万個の10分の1秒がありますので，その間の誤差を合計すると約3分の1秒になります。

やはりたいして大きな誤差には思えません。しかしながら，スカッドは，毎秒1.5キロメートルの速さで宇宙から落下してくるのです。つまり，この誤差の時間の間に500メートル移動するということになります。

こういうわけで，パトリオット・ミサイルは誤った位置へ向かって発射されるでしょうし，あるいは，まったく発射さえされないかもしれません。レーダーが予想された場所にスカッドを見つけられず，誤検知が発生したのだと認識してしまうからです。

その日サウジアラビアで起きたのは後者でした。スカッドは米軍の兵舎に命中し，28名の兵士が死亡，多数の負傷者が出ました。すべての原因は数値の丸め方の誤りです。

このような理由で，数値をうまく丸めることは重要なのです。次の章でこれについて見ていきましょう。

第8章

正確度

落とし穴とは細かいことの中にあるものです。そして今日この時代，私たちはあまりにも多くの細かいことに対応しています。数学者や科学者はしょっちゅう精度の高いデータや測定を取り扱っています。

たとえば，数学定数πは（当書を執筆している今現在）ドイツの素粒子物理学者ピーター・トルエブによって22兆桁以上計算されました。けれども，丸い花壇にどれだけ堆肥が必要か計算しようとしているのなら，そのような精度はまったく必要ありません。私のスマホの計算機にも，πの数字は12桁あります。このような高い精度だと，実用的には不便なほど小数点以下の数字が多い面積を出すことになってしまいます。

精度と正確度は同じではありません。日常的な会話ではこの二つを同じように使っているかもしれませんが。もし私が，昨夜2.7345杯のお酒を飲んだと言えば，精度が高いということになりますが，実際に飲んだのが3.2杯であれば，まったく正確でないということになります。

数学では，精度を下げながらも，できるだけ正確にしたい場合，数を丸める端数処理を行います。端数処理にはいくつかの方法があります。

まず，学校で学ぶのは，最も近い数に丸めることです。そして，最も近い何に丸めるのかを特定します。たとえば，43は最も近い十の倍数に丸めると40になります。2893は最も近い百の倍数に丸めると2900で，最も近い千の倍数に丸めると3000になります。数が大きければ大きいほど，より多く丸める傾向があります。たとえば，家賃は千の位を丸めて万単位にしたり，一番近い五万や十万単位に丸められることも多いでしょう。「トライデント原子力潜水艦の費用は310億ポンド」と言う方が，「トライデント原子力潜水艦の費用は31,264,358,769.73ポンド」と言うよりもインパクトがあります。

より低い精度でできる限り正確にするというのが，数を丸めることの概念です。57を最も近い十の倍数に丸めるとすると50か60のどちらかを選ばなくてはなりません。57は50よりも60に近いので，60を選びます。つまり，60の方がより正確ということです。

250を最も近い百の倍数に丸めるとなると，ちょっと問題にぶつかります。200か300のどちらかなのでしょうが，250は200と300のぴったり真ん中です。どちらを選んだらよいのでしょう？　通常こういう場合は切り上げることになっていますので，300が正しい答えです。

なぜいつもこうすることになったのでしょうか？　一つの説は，確かめる数がより少なくて済むからです。250を一番近い百の倍数に丸めるのに，切り上げるのであれば，十の位が5だと確かめただけで切り上げることができます。もし切り下げるとしたら，一の位が0であるか確かめないと，0でない場合は300の方に近くなってしまいます。ですから，5で切り上げた方が若干効率がよいのです。

いったん近い数への丸め方をマスターしたら，次はたいてい，小数の丸め方を学びます。これも同じように考えます。1.234を丸めて小数第2位までにしたいのであれば，やはりできる限り最も正確な答えを選ぶべきでしょう。1.234は1.23と1.24の間にあります（1.234は1.230と1.240の間と考えた方がわかりやすい人もいるようです）。そして，1.23の方が近い数です。

さっと行うには，小数第3位を見ます。もし0，1，2，3，4であれば切り下げます。つまり，小数第2位はそのまま変わりません。もし5, 6，7，8，9であれば切り上げて，小数第2位の数を1増やします。

もし9がある位に丸めるのであれば，その前の位の数も変えなくてはなりません。たとえば，1.96を小数点第1位までに丸めるのであれば，6のせいで，9を10にしなくてはなりませんので，0を書いて1繰り上げることになり,答えは2.0です。確かに,1.96は1.9と2.0の間にあり,2.0により近いのです。

ここまでは，それぞれの数を近い数や特定の小数の位の数へ丸めてきました。しかしながら，かなり異なる大きさの数を含む計算をするとしたら，同じような精度で私たちが使うすべての数を処理できる丸め方のルールはまだありません。たとえば，5234 × 0.726 の計算をしているとしたら，両方の数を一番近い百の倍数に丸めることはできません。0.726は0になってしまいます。それに，5234の小数点以下を丸めることもできません。そんなものはないのですから。

そこで，最後にもう一つのルール，「有効数字」というものが登場することになります。

数の左から有効数字を数えます。そのとき，小数の場合は，0以外の数字へ行く前に0があれば，それを無視します。たとえば，5234の最初の有効数字は5であり，0.726の最初の有効数字は7です。

これら二つの数を，「一桁の有効数字」に丸めるとします。つまりこれは，それぞれ0でない数字を一つだけ使うという意味になります（小数で無視する0を除いて）。

5234の場合は，千の位の5を使うことになります。そして，5234を一桁の有効数字に丸めるというのは，千の位が最初の有効数字なのですから，一番近い千の倍数になるように丸めます。つまり，5234を一桁の有効数字に丸めると，5000になります。

同じように，0.726の最初の有効数字は，10分の1の位にある7ですので，つまり，一番近い10分の1の位の数に丸めるという意味になります。そして，0.726を一桁の有効数字に丸めると，0.7になります。従って，元の計算は次のようになります。

$$5234 \times 0.726 \approx 5000 \times 0.7 = 3500$$

一桁の有効数字に丸めたおかげで，計算がずっと簡単になったことに気づかれたことでしょう。この方法は推定するときにも使われます。推定というのは，計算の答えを確かめるときに役立ちます。たとえば，5234 × 0.726 を手計算して379.9884と答えを出したとします。けれども，推定したことからこの答えは間違いだとわかります。3500に近い数のはずなのですから。確かめ直して，5234 × 0.726 の答えが実は 3799.884 だと気づくことができます。小数点の位置を間違えるという，よくある誤りをしてしまったのです。計算する前に推定することは，合計を求めるときなど，実に役立つオートコレクト機能のようなものです。

第９章

べき乗

日常生活の中で，べき乗を見ることはたまにしかないかもしれませんが，数の大きさや意味に対してとても強力な効果を持っているものです。巨大な数（たとえばハードディスクの容量）やとても小さい数（たとえばビタミン剤一粒に入っている有効成分の量）を書くときにとても役立ちます。

5^3と書いたら，右上の小さな3は，5を5で合計3回掛けるという意味を表しています。次のようになります。

$$5^3 = 5 \times 5 \times 5 = 125$$

5^3は，「5の3乗」あるいは「5の立方」と読みます。5 × 3 とよく間違われますが，こちらはずっと小さな数の15です。10のべき乗は，皆さんにも馴染みがあることでしょう。アラビア数字（22ページ参照）で使う位取りと同じなのですから。

$$10^6 = 10 \times 10 \times 10 \times 10 \times 10 \times 10 = 1{,}000{,}000 \text{（百万）}$$
$$10^5 = 10 \times 10 \times 10 \times 10 \times 10 = 100{,}000 \text{（十万）}$$
$$10^4 = 10 \times 10 \times 10 \times 10 = 10{,}000 \text{（一万）}$$
$$10^3 = 10 \times 10 \times 10 = 1000 \text{（千）}$$
$$10^2 = 10 \times 10 = 100 \text{（百）}$$

べき乗のパターンを続けると，次はこうなります。

$$10^1 = 10 \text{（十）}$$

べき乗の一般ルールがわかります。どの数もその1乗はその数自体になるのです。

$$a^1 = a$$

十のべき乗はあまりにも役立つため，特定の十のべき乗を使いたいことを示す接頭語まであります。たとえば，「キロ」は10^3，つまり1000を表します。1キロメートルは1000メートル，1キログラムは1000グラム，1キロワットは1000ワットです。他の大きな数の接頭語も，10の3乗ごとである傾向があります。

10^3 ： 千 ―― キロ (k)
10^6 ： 百万 ― メガ (M)
10^9 ： 十億 ― ギガ (G)
10^{12} ： 兆 ―― テラ (T)

この最後の方のものはコンピューターの容量等で使いますが，ペタ（P：10^{15}）やエクサ（E：10^{18}）が一般的に使われるようになるのも遠い未来ではないでしょう。

巨大な数

1920年，とんでもなく巨大な数の名を付けようとしていたアメリカの数学者エドワード・カスナー（1878~1955）は，9歳の甥の思いつきを採用して，10^{100}をグーゴルと名付けました。これは実際ばかばかしいほどに巨大な数です。観測可能な宇宙の原子の個数でさえ，わずか約10^{80}。つまりグーゴルはその100,000,000,000,000,000,000倍大きいのです。それでも足りなければ，グーゴルプレックスという数があり，それはグーゴルのグーゴル乗です。グーゴルには100個の0が付き，グーゴルプレックスには1グーゴル個の0が付きます。

また数学者たちは，指数の付いた数の掛け算や割り算をするときに，いくつか早道があると気づきました。

$$5^3 \times 5^4 = (5 \times 5 \times 5) \times (5 \times 5 \times 5 \times 5)$$

カッコは5^3と5^4を構成する５を見せるために使いました。７個の５が掛け合わされている，つまり5^7が答えであることがわかります。でも，たくさんの５を書くことなく，すぐ答えを得ることができるのです。指数の和が７になることに気づけばわかることです。

$$5^3 \times 5^4 = 5^{3+4} = 5^7$$

同じ数のべき乗を掛け合わせると，次のルールに一般化できるということです。

$$a^n \times a^m = a^{n+m}$$

割り算もまったく同じ考え方で，たとえば次のようになります。

$$8^5 \div 8^2 = \frac{8 \times 8 \times 8 \times 8 \times 8}{8 \times 8}$$

そして，8を削除していきます。

$$\frac{8 \times 8 \times 8 \times 8 \times 8}{8 \times 8} = \frac{8 \times 8 \times 8 \times \cancel{8} \times \cancel{8}}{\cancel{8} \times \cancel{8}} = \frac{8 \times 8 \times 8}{1} = 8^3$$

結局，指数の差になることがわかります。

$$8^5 \div 8^2 = 8^{5-2} = 8^3$$

一般化すると，こうなります。

$$a^n \div a^m = a^{n-m}$$

この法則は，指数が0であることの意味を理解するのに役立ちます。$3^4 \div 3^4$ を計算すると，答えは次のようになるのです。

$$3^4 \div 3^4 = 3^{4-4} = 3^0$$

けれども，ある数をその数自体で割ると答えは1になるはずです。ですから，3^0は1に違いありません。これはまた，どんな数も0乗すると1になるという，別の法則になります。

$$a^0 = 1$$

マイナス乗

この規則を，より大きい指数でより小さい指数を割ることに使うと，答えには負の数の指数が付きます。

$$7^4 \div 7^9 = 7^{4-9} = 7^{-5}$$

これを分数として見ると，次のようになります。（分数を単純にすることについては41 ～ 42ページ参照）

$$7^4 \div 7^9 = \frac{7^4}{7^9} = \frac{7 \times 7 \times 7 \times 7}{7 \times 7 \times 7 \times 7 \times 7 \times 7 \times 7 \times 7 \times 7}$$

$$= \frac{\cancel{7} \times \cancel{7} \times \cancel{7} \times \cancel{7}}{7 \times 7 \times 7 \times 7 \times 7 \times \cancel{7} \times \cancel{7} \times \cancel{7} \times \cancel{7}} = \frac{1}{7 \times 7 \times 7 \times 7 \times 7} = \frac{1}{7^5}$$

これはつまり，$7^{-5}=\frac{1}{7^5}$，つまり1を7^5の部分に分けたということで，とても小さな数になります。一般化するとこうなります。

$$a^{-n}=\frac{1}{a^n}$$

10のべき乗に戻ると，こういうことです。

$$10^0 = 1 \text{（一）}$$

$$10^{-1} = \frac{1}{10} \text{（十分の一）}$$

$$10^{-2} = \frac{1}{100} \text{（百分の一）}$$

$$10^{-3} = \frac{1}{1000} \text{（千分の一）}$$

よく使われている10のマイナス乗にもまた，それぞれ接頭語があります。

10^{-2} : 百分の一 —— センチ（c）
10^{-3} : 千分の一 —— ミリ（m）
10^{-6} : 百万分の一 — マイクロ（μ）
10^{-9} : 一兆分の一 — ナノ（n）

ビタミン剤の容器の裏を見ると，あるミネラルの容量がマイクログラムで記載されているかもしれません。ナノメートルは分子の大きさに使われるので，「ナノテクノロジー」という言葉があります。マイナス乗が負の数になると誤解しないように気をつけてください。正しくは，1よりも小さい正の数になるのです。

分数乗

ややこしいのは負の指数だけではありません。なんと分数の指数というのもあるのです。こちらを見て下さい。

$a^n \times a^m = 6^{n+m}$ を思い出して下さい。

$$6^{\frac{1}{2}} \times 6^{\frac{1}{2}} = 6^{\frac{1}{2}+\frac{1}{2}} = 6^1 = 6$$

でも，ちょっと考えてみましょう。6の$\frac{1}{2}$乗がそれ自体を掛け合わせると，6になります。これは，平方と平方根を思い出させます（14ページ参照）。$6^{\frac{1}{2}}$にそれ自体を掛けて6になるのなら，$6^{\frac{1}{2}}$は6の平方根に違いありません。

$$6^{\frac{1}{2}} = \sqrt{6}$$

そして，一般化するとこのようになります。

$$a^{\frac{1}{2}} = \pm\sqrt{a}$$

この±の記号は微妙な区別です。平方根の記号がそれだけ（すなわち±なし）で使われると，正の数の平方根だけを示すことになります。負の数と負の数を掛けると正の数になるのですから，それぞれの数には負の数の平方根もあるのです。

$$4 \times 4 = 16$$
$$-4 \times -4 = 16$$

ですから，4と−4は両方とも16の平方根で，±（プラスマイナス記号）は，負の答えもあることを示しています。

他の分数のべき乗なら，他のタイプのべき乗根になることにつながります。指数が3分の1になると，その数をそれ自体の数で3回掛けると元の数になる，つまり，3分の1乗は立方根と同じということになります。

$$4^{\frac{1}{3}} = \sqrt[3]{4}$$

これには，±の記号が付きません。3個の負の数を全部掛けると答えが負の数になってしまいますから，4の立方根は正の数だけです。たとえば，8の立方根は2であることはご存じでしょう（2 × 2 × 2 ＝ 8 なのですから）。けれども，−2 × −2 ×−2 ＝ −8 となり，8にはなりません。

一般化すると次のようになります。

$$a^{\frac{1}{n}} = \sqrt[n]{a}$$

無理数の平方根（Surds）

$\sqrt{6}$の答えは整数ではありません（約2.44948974です）。整数にならない平方根は，小数点以下，繰り返しのない数字の列が終わりなく続き，英語ではsurdと呼ばれています。これは「ろうあ」という意味のラテン語の言葉からです。たぶん，これらの数が適切に声を出して話せないように連想されたのでしょう。同じ理由で，数学や論理学において，そうでなければ不条理であるという証明を示す背理法では，「ばかばかしい」という意味のabsurdという言葉が「不条理」という意味に使われています。

べき乗とべき乗を見つけられる場所

べき乗は，数量を示す組立単位でよく使われます。組立単位とは，それ自体の基本単位のないものの数量の単位です。たとえば，長さを説明するのにメートル（10の累乗である接頭語を付けたkm，cm，mm等もよく使います）を使い，面積は平方メートル（m^2）で示します。平方メートルは，他の名前の単位がなく，そのままの組立単位です。べき乗を避けたければ，エーカーやヘクタールのようなものはありますが。

アールとヘクタール

面積の単位にヘクタールが使われることがありますが，実際多くの人はこれをよく知りません。アールは，古い（それでもメートル法の）単位で，一辺が10メートルの正方形の面積を意味します。フランスが18世紀末の革命後に導入しました。ヘクトは実際ほとんど使われていない，10^2つまり100を意味する接頭語です。それを組み合わせたのが1ヘクタールで，一辺が10メートルの正方形100個，つまり$100 \times 10 \times 10 = 10{,}000m^2$ということになります。約2.5エーカーで，サッカーフィールドよりちょっと広い面積です。

「毎」(「～ごとに」という意味）という言葉が使われると，マイナス乗を見ることがあるでしょう。速度の単位は組立単位で，車のスピードメーターの中には，キロメートル毎時をkphでなくkmh^{-1}と表示しているものもあります。前者は数学的意味がありません（単に「kilometers per hourキロメートル毎時」の頭文字を合わせただけです）が，後者はキロメートルに時間を掛けて-1乗しています。

$$\begin{aligned} \mathrm{kmh}^{-1} &= \mathrm{km} \times \mathrm{h}^{-1} \\ &= \mathrm{km} \times \frac{1}{\mathrm{h}} \\ &= \mathrm{km} \div \mathrm{h} \end{aligned}$$

ある数が分母で1が分子の分数を掛けるというのは，そのある数で割るのと同じこと（46ページの「分数の掛け算と割り算」参照）ですので，これは車のスピードの単位を示す数学的に簡潔な方法です。

べき乗は多くのとても重要な公式に使われています。アインシュタインの $\mathrm{E} = \mathrm{mc}^2$ は原子力への道を作り，ニュートンの $F = G\mathrm{m}_1\mathrm{m}_2 r^{-2}$ は惑星の動きの説明を可能にしました。フェルマーの最終定理は古代ギリシャの数学者ディオファントスの方程式 $\mathrm{a}^{\mathrm{n}} + \mathrm{b}^{\mathrm{n}} = \mathrm{c}^{\mathrm{n}}$ を含んでいます（詳しくは166ページ参照）。

この章の始めにも言いましたように，べき乗は桁数の多い数を表すよい方法で，技術者たちはよく「指数表記」と呼ばれるものを使います。指数表記の数は，1から10の間の数に10のべき乗を掛ける形で表記されます。たとえば，真空での光の速さ（アインシュタインの公式のc）は299,792,458ms^{-1}（メートル毎秒）です。一桁の有効数字に丸めると（59ページ参照），300,000,000（3×10^8）になります。これを，10のべき乗を使って，指数表記にしてみましょう。

$$\begin{aligned} 300{,}000{,}000 &= 3 \times 100{,}000{,}000 \\ &= 3 \times 10^8 \end{aligned}$$

この数字表記の方が計算ははるかに簡単で，元の数字をそっくりそのまま気をつけて使うよりも，誤りを避けることができます。そして，まさにこの理由から，当然現代の関数電卓には $a \times 10^x$ のボタンが付いています。

逆に小さい数を見てみると，ニュートンの法則の G（143ページ参照）は $0.0000000000667408 m^3 kg^{-1} s^{-2}$，つまりこれは 6.7×10^{-11} に変換することができます。

このように，天文学的に大きな数あるいは微視的に小さな数の計算をするときも，メガとギガの違いを知ろうとするだけのときも，べき乗は必要な道具なのです。

ボディマス指数

ボディマス指数（BMI）の計算式は次のものです。

$$\mathrm{BMI} = \frac{\text{体重}}{\text{身長}^2}$$

体重はキログラムで身長はメートルです。典型的な健康な値は18.5 $\frac{\mathrm{kg}}{\mathrm{m}^2}$から25$\frac{\mathrm{kg}}{\mathrm{m}^2}$です。たとえば身長1.7mで体重70kgの人のBMIは24より少し上ぐらいです。身長に対してどの程度重いのか，つまり健康のために体重を増やすか減らすかする必要があるのか，だいたいの見当をつけられるようにというものです。多くの人が自分で自分のBMIを計算します。とりわけ雑誌やネットでこれについて見た後など。しかしながら，身長を2乗すべきであるのに，間違えて2倍にしてしまう人も少なくありません。誤って2倍にしてしまうと，（2メートル以上の身長でない限り）実際よりもずっと少ないBMIを算出してしまい，身長が低ければ低いほどひどいことになります。数学が苦手だと，ニンジンを食べるべきなのにケーキを食べてしまうはめになります。

第２部

比例・比率・変化率

第10章

パーセント

現代はどこもかしこもパーセントだらけです。特別価格，金利，年利，インフレ，選挙の票の動き，体脂肪率，税金，アルコール度をはじめ，さまざまな分野でパーセントの理解は現代の生活に欠かせません。

パーセントは100を分母とする分数で，ラテン語の「per centum(100ごとに)」から来ています。パーセントの記号「%」はイタリアの商人が「per cento」を縮めて書いたものからです。パーセントは二つの理由で普及しました。まず，ほとんどの通貨が十進法であるため，財務計算にパーセントを使うのが容易です。また，パーセントを使うとお互いを比べるのが簡単なのです。

パーセントのない世界を想像してみて下さい。二つの普通預金口座を比べるとします。一つの利息は$\frac{117}{997}$で，もう一つは$\frac{59}{500}$。あなたはどちらを選びますか？　分数を比べるのは単純ではなくめんどうです。しかしながら，もし二つの利息が11.74%と11.8%だと言ったら，すんなり比較できます。

パーセントは本質的には分数ですから，四則計算には同じ規則を適用します。パーセントを扱うとき，掛け算をたびたび使います。

パーセントで示した数量の算出

給料日が来たときの喜びは，給料明細を見てどれだけ税金を差し引かれたかを知った途端に損なわれてしまいます。たとえば，25,000ポンドの年収で23%の税金を払わなくてはならないなら，税務署にいくら取られてしまうのでしょう？　つまり，100ポンドごとに23ポンド取られてしまうのですから，私の給料額の中にいくつ100ポンドがあるのか，給料額を100で割って，それに23を掛ければいいわけです。

$$25000 \div 100 \times 23 = 5750 \text{ ポンド}$$

100で割るのと23を掛けるのと，どちらを先にやっても関係ありませんので，次のように書くことができます。

$$25000 \times 23 \div 100 = 5750 \text{ ポンド}$$

これと同じことです。

$$25000 \times \frac{23}{100} = 5750 \text{ ポンド}$$

ということは，全体の数量からパーセントで示した数量を算出するには,単にそのパーセントを掛ければよいだけということです。もちろん，パーセントを小数で表すこともできます。

$$25000 \times 0.23 = 5750 \text{ ポンド}$$

パーセントの増減

今日はうれしい日で，私の給料が5%上がりました！　新しい年収額を計算するためには，上記の方法で給料の5%を算出し，それを今までの給料額に加えればよいでしょう。しかしながら，新しい給料額は今までの給料額の105%であるとわかっています。ですから，新しい給料額を求めるにはこうすればよいわけです。

$$25000 \times \frac{105}{100} = 26{,}250 \text{ ポンド}$$

5%を算出して加えるとなると二段階の方法ですが，これなら一つの計算だけです。分数よりも小数がお好みであれば，2500×1.05 としても同じ結果が出ます。

私の給料が下がることなど例として使いたくありませんから，代わりにセール価格を例にしましょう。あなたのお気に入りの衣料品アウトレットが1日限りの「全品15%引きセール」を行うとします。23ポンドのTシャツがいくらになるか，どう計算したらよいのでしょう？　また，元の値段の15%を算出して，元の値段から引くことができるでしょうが，それは二段階ある方法です。15%引きということは，元の値段の85%になるということですから，次のように計算できます。

$$23 \times 0.85 = 19.55 \text{ ポンド}$$

パーセントの変化を逆にする

スーパーで売られている食品がしばしば35%も値上げされているという記事を最近読み，興味を持ちました。私が買った57.24ポンド分が値上げ前いくらであったのか，どのように算出できるのでしょうか？

これには，私が払った金額が，元の価格の135%であったと知る必要があります。それなら，135で割って1%あたりの金額を出し，それに100を掛ければ，もとの金額がわかります。

$$57.24 \div 135 \times 100 = 42.40 \text{ ポンド}$$

前と同じように，次のように計算できます。

$$57.24 \times 100 \div 135 = 42.40 \text{ ポンド}$$

つまり，こういうことです。

$$57.24 \times \frac{100}{135} = 42.40 \text{ ポンド}$$

パーセントの上下がひっくり返りました。分数の掛け算は，その逆数で割るのと同じことだと思い出して下さい（46ページ参照）。

$$57.24 \div \frac{135}{100} = 42.40 \text{ ポンド}$$

つまり，パーセントの変化から元の数量を見つけたいのなら，パーセントで割ればよいのです。

ローンの返済

私たちの多くは，不動産や車等の高い買い物にローンを必要とします。銀行はそこで儲けるために，利子を付け，たいがいそれは年率のパーセントで示されます。

たとえば，固定金利5%のローンを組んだ場合，借りている総額が，ローンを返しきるまでにずっと一定金額ずつ減っていくと思われるかもしれません。けれども，そうではありません。なぜなら，毎回あなたが返済する金額は二つに分けることができるからです。一つはその月加えられた利息の返済で，もう一つは元々借りた金額を減らすことに充てられます。

たとえば，20,000ポンドのローンを年率12%で組んだと想像して下さい。最初の月の終わりには，元の20,000ポンドに加えて1%の利息（年12%は月1%ということです）を借りていることになります。パーセントで増えるのですから，次のように表すことができます。

$$20{,}000\text{ポンド} \times 1.01 = 20{,}200\text{ポンド}$$

もし毎月500ポンド払えば，200ポンドは利息の支払いに充てられ，300ポンドは元々の借入額の返済に充てられます。ですから，最初の月末に私はまだ20,200ポンド－500ポンド ＝ 19,700ポンドの借りがあるということになります。

2ヵ月目の月末に利息を加えた金額は次のように計算できます。

$$19{,}700\text{ポンド} \times 1.01 = 19{,}897\text{ポンド}$$

私が支払う500ポンドは，197ポンドが利息に，303ポンドは元の金額を減らすために充てられ，新しい残高は19,397ポンドになります。2ヵ月目にはより多く元々借りた金額を減らすことができたことになり，返済し終わるまでずっとこの傾向が続きます。

この傾向は，不動産のローンでは特に顕著に見られます。最初の数年は明細を見ても，最初に借りた金額をほんのわずかしか返せていないのですから，がっかりしてしまうかもしれません。けれども，時間と共に元の金額に充てられる額は増えていくのです！

返済期間終了時に全額支払われるよう銀行がローンの返済額を計算するための計算式は，複雑そうで，思わずあせってしまうかもしれません。

$$\text{毎月の返済額} = \frac{\text{月利} \times \text{借入金}}{1 - (1 + \text{月利})^{-\text{返済月数}}}$$

たとえば，150,000ポンドの住宅ローンを25年（25 × 12 = 300カ月），固定金利5%（5% ÷ 12 = 0.42% 月利）で組んだとすると，次のようになります。

$$\text{毎月の返済額} = \frac{\frac{0.42}{100} \times 150000}{1 - (1 + \frac{0.42}{100})^{-300}}$$

指数の－300がよくわからなければ，65～66ページを見て下さい。これを，いやがらずにさっとやってくれる計算機に入力すると，こうなります。

$$\text{毎月の返済額} = \frac{630}{0.7155965} = 880.38\ \text{ポンド}$$

合計すると，私は880.38ポンド×300 ＝ 264,114ポンドを返済することになり，それは元の借入金額より100,000ポンド以上多い金額です。

ベルヌーイとオイラーとe

さまざまな数学者が長い間利息について関心を持ってきました。スイスの数学者ヤコブ・ベルヌーイ（1654~1705）は，利率だけでなく，計算される頻度も毎回の返済額や，返済総額に影響することに気づきました。

たとえば，前ページの例の銀行が毎日利息を加えてくると想像して下さい。私の1日当たりの利率は 5% ÷ 365 = 0.0137% になります。となると，私の毎日の返済額は28.80ポンドで，月当たり876ポンドということになります。つまり，毎月ほんのちょっと下がるだけですが，まったく下がらないよりはましではありませんか！　逆に，もし銀行が利息を1年ごとに加えてくると，私の毎月の返済額は886.91ポンドになります。

このように，利息はできる限り頻繁に加えられた方があなたの得になるのです。投資の場合もそうです。ベルヌーイは，利息が継続的に計算されることに取り組み，このような式にしました。

$$\lim_{n \to \infty} \left(1+\frac{1}{n}\right)^n$$

やっかいなものに見えるでしょうが，これは重要な数学的概念を紹介しています。「lim」は「limit（極限）」の略で，「n→∞」は「nが無限大に近づく」という意味です。無限大は数ではなく，計算や式に使うことはできないことを思い出して下さい。ですから，もしnが限りなく大きくなったら $(1+\frac{1}{n})^n$ の値はどうなるかという，数学者の考え方です。nが大きくなればなるほど，この分数はどんどん小さくなり，1に加える数が小さくなっていきます。一方，指数が大きくなるとその数値をそれ自体の数でより多い回数掛けることになります。これこそまさに，先ほど見てきた利息支払いのトレードオフ（二律背反）で，より少額をより頻繁に支払うと支払総額が減るのです。

ベルヌーイは銀行口座の利息に注目しました。利息の計算回数を増やしていくとより多く利息を受け取れるようになり，元利合計額が増えていきます。そして，回数を増やし続けて，最も多く利息を受け取れる金額にたどり着くと，元利合計額は元の投資金額に，2.7の年利乗を掛けた金額になることを発見しました。つまり，100ポンドを年率5%で投資したとして，年間継続的に利息が支払われると次のようになります。

$$100 \times 2.7^{0.05} = 105.09 \text{ポンド}$$

年末一度だけ利息が支払われるとしたら105ポンドですから，たいして多くなったわけではありませんが，ちりも積もれば山となるです。時代が進むと共に，人々はさらに計算の精度を高めていき，2.7よりも多くの小数点以下がわかるようになりました。アップル社の共同設立者であるアメリカのスティーブ・ウォズニアック（1950~）は1978年に初期のアップル・コンピューターを使って100,000桁以上計算しました。πのように，この数は繰り返しなしに永遠に続くことがわかっています。

$$2.718281828459045235360287471352662 49\cdots\cdots$$

この値は，元々関係ないように思われていたさまざまな数学の分野に現れることになりました。高名なスイスの数学者レオンハルト・オイラー（1707~1783）が，著書『力学』の中でこの数値をeの文字で表して使ったため，オイラー数としても知られています。有名な「オイラーの等式」にも使われています。

$$e^{i\pi} + 1 = 0$$

1と0は，数えることや他のすべての数の基礎ですから，おのずと明らかです。πは円の本質を示す数で，幾何学で定義されているものです。iは-1の平方根で，想像上の数「虚数」ですが，それにもかかわらず，これがなければ解決できないさまざまな等式を解かせてくれるのです。この簡潔な式は5個の非常に重要な数で成り立ち，数学の中で最も簡潔な，それどころか最も美しい等式だと多くの人に言われています。

第11章

組立単位

単位が表す，質量や長さ，時間等は次元と呼ばれ，ある数式が単位上正しい意味を成しているかどうか確かめるには，「次元解析」という方法が使われます。科学者やエンジニアや数学者は，新しい式を作ると，この方法で単位を確認することができます。たとえば，正方形の面積を求める公式は次のものです。

正方形の面積 = 一辺の長さ × 一辺の長さ

すでにご存知のように，面積は平方メートル（m^2）の単位で測ることができます。この等式の右側「一辺の長さ × 一辺の長さ」は，二つとも単位がメートルですから，その二つを掛けると，メートル掛けるメートルで平方メートルということになります。つまり，この等式の両側は単位が一致しています。私たちはこの式の次元を解析したのです。これは，この公式が必ず正しいと保証するものではありませんが，とても助けになる道具です。

円の面積について考えてみてください。

円の面積 = 半径 × 半径

前の例と同じ理由で，この式は次元の面では正しいことになります。しかし，正解を得るためには，もちろん皆さんよくご存じの π が必要です。

$$円の面積 = \pi r^2$$

π に次元解析を台なしにさせてはなりません。π 自体には次元がないに違いないのです。π は単位のない定数です。つまり，メートルやキログラム等の単位で π を測りません。π は無次元の定数で，このような値には長年多くの取り組みがされてきました。

1700年代終わりのフランス革命から生まれた素晴らしいものの一つは，メートル法です。革命政府は，簡単な十進法による新しく一貫した重量や長さの単位制度が必要だと考えました。ルネサンス期の時代から，自然哲学者（近代科学者や数学者の先達）は，コミュニケーションの増加とともに，それまでより普遍的な数量を伝え合う方法が必要だったのです。

メートル法は年を経て改良されましたが，本質的な考えは，小数の基本単位を使って他のすべてを計測できるようにすることでした。まず基本となった単位は，メートル（長さ），キログラム（質量），秒（時間）でした。フランス革命政府は，北極からパリを経由して赤道までの距離の1千万分の1を1メートルと定めました。キログラムは元々，氷の溶けつつある温度の千立方センチメートルの水の質量でした。けれども，1899年にキログラムは国際キログラム原器の質量であると定義し直されました。国際キログラム原器というのは，非常に長持ちで耐食性のある白金とイリジウム合金を使って精巧に製造された円柱です。この定義はここ数年以内に基礎物理定数を使うもっと概念的な定義に改正されることになっています。秒は長い間使われてきた時間の単位で，1時間を

60で割っていく特徴は，最初に時間を測った古代文化の記数法から残されたものです。現在，秒は，セシウムという金属の原子の，極度に一定の共鳴周波数，正確には9,192,631,770回振動する時間によって定義されています。

天地万物への理解が深まってより多くの計測が必要になると共に，他の基本単位が加わってきました。たとえば，温度の単位であるケルビン，電流の単位であるアンペア，特定の質量中のある物質量の単位であるモル，光の強さや明るさの単位カンデラ。これらの七つの基本単位は，SI（Système International：国際単位系）の基本単位として知られ，物理的世界で必要なありとあらゆるものの説明に使うことができます。

私たちが使う多くの併用単位，組立単位にも名前が付けられています。たとえば，リットルは体積の単位で，1立方メートルの1000分の1です。月曜朝の通勤時の寝ぼけまなこの身にとっては，1立方メートルの1000分の何のガソリンと言うよりも，何リットルのガソリンと言う方がはるかに簡単です。多くの併用単位にはその分野で重要な業績を残した科学者の名前が付けられています。

アイザック・ニュートン（1642~1726）はイギリスの天才で，引力，力学の概念を発展させたことで知られています。

ニュートンの運動の第2法則：力 = 質量 × 加速度

質量は，SI基本単位のキログラムで測り，加速度はメートル毎秒毎秒（$\frac{m}{s^2}$）で測ります。すなわち，力の単位は「キログラムメートル毎秒毎秒」ということになります。しかしながら，この組立単位は，ニュートンと呼ばれています。

ブレーズ・パスカル（1623~1662）は数多くの業績を遂げたフラン

ス人で，水圧器やシリンジを発明し，液体について多く取り組み，特に圧力に注目しました。

$$\text{圧力} = \frac{\text{力}}{\text{面積}}$$

力の単位は，先ほど見たように，「キログラムメートル毎秒毎秒」で，面積の単位は平方メートルです。ですから，圧力の単位は「キログラムメートル毎秒毎秒毎平方メートル」となるはずです。これはより簡潔に「キログラム毎メートル毎秒毎秒」としてもよいのですが，圧力の単位パスカルとした方がずっと言いやすいことに，皆さん同意されることでしょう。

上記のどちらの定義にも，その中に「毎秒」がありました。時間の単位で割るときというのは，その時間単位内にどれだけある変化が起きるのかということを知ろうとしています。これは科学や数学で実によくあることで，この概念は変化率と呼ばれています。最もよく目にする変化率は速さです。学校で学んだことを覚えているでしょう。こんな三角形を使ったかもしれません。

$$\text{速さ} = \frac{\text{距離}}{\text{時間}}$$

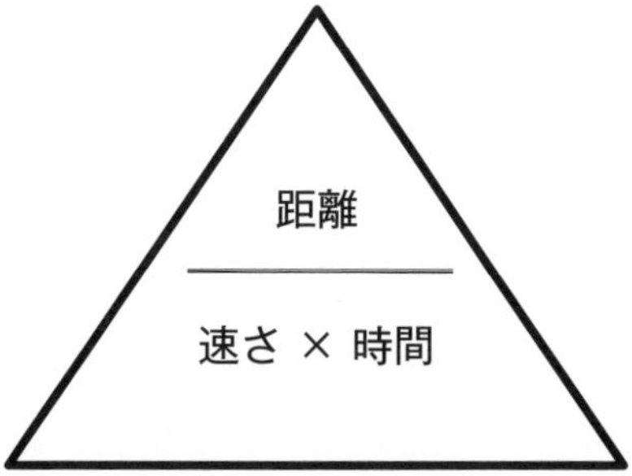

数学教師としては，まず最初に，この式は平均速度を求めるものだと指摘しておきます。たとえば，私がヨークからロンドンへ電車で行くとします。距離は200マイルで2時間かかります。この式を使うと，速さは 200 ÷ 2 = 100マイル時速になります。けれども，電車は私を乗車させるために停車し，スピードを上げ，スピードを落とし，他のいくつもの駅に停まり，最後にロンドンへ着くのですから，明らかにこれは平均速度にすぎません。

速度は変化率です。この場合，私は1時間ごとに平均100マイル電車で進んだという意味になります。出発地点から，私の位置が100マイル変化したということです。

加速度は速度の変化率，つまり与えられた時間の間にどれだけ速度が変化したか，ということです。物を落とすと，引力のせいで，地球上では9.81メートル毎秒毎秒で加速します。9.81メートル毎秒毎秒（$\frac{m}{S^2}$）というのは，落ちる物の速度が毎秒，秒速9.81メートルずつ高まっているという意味です。これはかなり速く，そのためうまく着地できる猫以外のほぼすべてのものは高いところから落ちると破壊されてしまうわけです。月面での加速度は1.66 $\frac{m}{S^2}$ しかありませんので，宇宙飛行士は自分の体重より重い宇宙服を着せられても，難なくぴょんぴょん跳ねることができます。

私達は生まれてこのかたずっと9.81 $\frac{m}{S^2}$ の加速度を経験しているので，これを「重力加速度」と呼び，他の加速度をこれと比較することがよくあります。車でカーブを曲がるときは，車の向きを変えるだけでなく，速度の向きを変えるために新たな方向へ加速度を働かせますので，車の中にいる人は曲がるときの力を感じます。ジェットコースターは私たちを地球の重力の6倍，つまり6Gの加速度にまでさらします。これはほんの短い間のことですが，宇宙飛行士や戦闘機パイロットのようにもっと長い間こうした環境に耐えなくてはならない場合はたいてい，体を締め付けることで脳の血液降下を抑える耐Gスーツを着ます。

減速も重力加速度を生みますから，車には意図的にクラッシャブルゾーンと呼ばれる部分が設計されています。この仕組みが，全体の減速度，そしてつまりは私たちが感じる力を減らし，より長い時間をかけてスピードを変えられるようにしています。エアバッグも同様に，私たちの体が減速する時間をより多くしてくれます。

うっかりミス:マーズ・クライメイト・オービター

メートル法が作られてから何百年もたったというのに，世界のあちこちでまだ古い単位が使われているのを目にします。イギリスでは，ビールやミルクには英パイント（1パイント＝568ミリリットルというのでは，ピンときません）が好まれていますし，道路標識もいまだにマイルです。アメリカでもいくつかの分野では同じような単位を使いますが，そっくり同じではありません。

これにより，いくつもの困った問題が発生してきました。1983年に，アメリカのボーイング767を使ったエア・カナダ便が飛行中に燃料切れを起こしました。地上係員が燃料をキログラム単位でなくポンド単位で給油したためでした。1キログラムは2ポンドより多いので，必要量の半分以下しか給油されなかったということになります。そのうえ燃料計の不良もあって，この飛行機は，すでにオートレース場として使われていた元空軍基地の滑走路に緊急着陸するはめになったのでした。幸運なことに，誰も重傷を負わず，パイロットらは，適切な燃料チェックを行わなかったための降格と，素早い考えと秀逸な飛行技術を称える賞を同時に受けたのでした。

1999年，火星探査機マーズ・クライメイト・オービターは，その名が示す通り，地球から9ヵ月の航行の後，火星の軌道に乗って気候の調査を行うはずでした。ところが，軌道に入るためにメインエンジンを燃焼させたあとに通信が途絶えてしまったのです。その後の調査により，下請け会社がエンジンの推力の測定時に国際単位系（SI）の単位であるニュートンでなく，ポンド単位を使っていたことが判明しました。

これはいくつもの点で非常にひどい間違いです。まず，次元解析をすれば，ポンドとニュートンがそもそも同じ物を計測する単位ではないことがわかります。ニュートンは力の単位で，ポンドは質量の単位です。次に，エンジンの動きがおかしいことがあらかじめ警告されていたのに，それが無視されたのです。

とにかく，その結果，オービターは火星の大気圏に早すぎる突入をしてしまい，予定された目的に使用される前に壊れてしまいました。このプロジェクトの費用は6億ドル以上でした。

第12章

比例

比例の概念は明白なようで，いつもそうであるわけではありません。4人分の料理のレシピがあって，8人が夕食にやってくる場合，客の数が2倍なのだからレシピにある数量をすべて倍にしなくてはならないということは，皆さんすぐにわかるでしょう。客の数とレシピの量が比例するからです。でも，もし客の一人が友達を連れてきて，合計9人になってしまったらどうでしょう？　突然，これはそう簡単ではなくなってしまいます。

数学者にとって，これは客の数と，私が料理する必要のある，たとえばパスタの量の間に関係があるという意味です。もし元のレシピに4人分300gのパスタと記載されているのなら，私は「もし～なら，～なので，結局～」として，客にどれだけ用意したらよいか導き出す，帰一法と呼ばれる方法を使うことができます。

もし4人の客が300gのパスタを必要とするのなら，
一人が必要なのは 300 ÷ 4 = 75g のパスタなので，
結局9人の客には 75 × 9 = 675g のパスタが必要です。

一人，つまり一つの単位が必要とする分を求めて答えを導き出す方法で，帰一法と呼ばれています。もう一つの求め方は，どれだけパスタが必要なのかの式を作る方法です。そうすれば，何人客が来ようと，パスタの量を求めるのに便利です。ここでは客の人数をn，それに伴うパスタの量をmとしてみます。数学者は，この関係を示す式を次のように表します。

$$m \propto n$$

この記号は，単に「比例している」ことを意味します。私たちにはまだここで使える式がありませんが，前提を表したのです。次に，数の情報を入れていく必要があります。帰一法でわかったように，一人の客には75gのパスタが必要で，これに客の人数を掛ければ，必要な合計量を知ることができます。客の人数をnとしたのですから，式は次のようになります。

$$m = 75 \times n$$

この場合，75は比例定数と呼ばれ，mとnという二つの変数を関係づけています。

このパスタの例では，客の数とパスタの量が比例しています。これをグラフに書くと，原点（mとnが共に0である，グラフの左下の角）を通る直線になります。

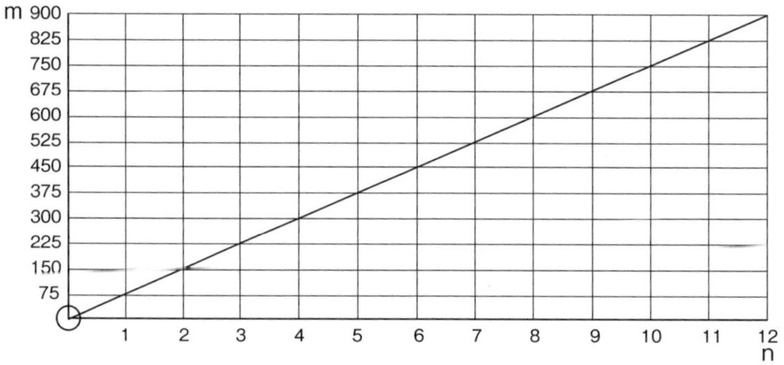

けれども，比例にかかわるものがすべて同じ比率ではありません。たとえば，私の会社が正方形のタイルを製造販売しているとします。タイルの一辺の長さはもちろん面積に影響しますが，それは直線になる関係ではありません。一辺の長さを倍にすると，面積を4倍に増やすことになります。

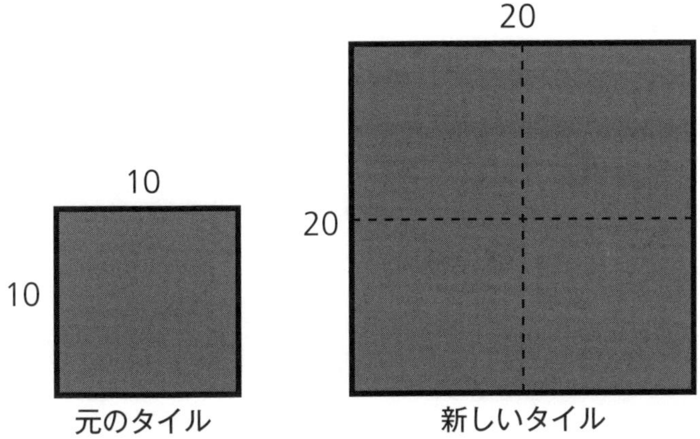

タイルの面積は一辺の長さの２乗ですので，一辺の２乗に比例していることになり，次のように示すことができます。

面積 $\propto$ 一辺の長さ^2

パスタもタイルも，この両方は正比例，つまり，一つの値が増えると，もう一つの値も同じ比率で増えるという例です。一方，反比例というのは，一つの値が増えると，もう一つの値は逆の比率で減っていきます。たとえば，音楽祭でゴミ集めをする作業員のチームがあるとします。全部きれいにするのに必要な時間は，作業員の人数を増やすと減っていき，次のように表すことができます。

$$\text{掃除に必要な時間} \propto \frac{1}{\text{作業員の人数}}$$

10人の作業員だと掃除に50時間かかるとわかっていたら，比例定数を使ってこの関係を式に表して考えることができます。比例定数をkとすると，次のようになります。

$$50 = k \times \frac{1}{10}$$

この式からk = 500 だとわかります（500の10分の1倍は50ですから）ので，式は次のようになります。

$$t = 500 \times \frac{1}{n}$$

tは掃除に必要な時間で，nは作業員の人数です。

昔から伝わる，この問いに気をつけて下さい。「8人が8個の穴を掘るのに8時間かかるとしたら，一人が1個の穴を掘るにはどのくらい時間がかかりますか？」私たちの脳の詩的な部分は数学的な部分を無視して，「1時間」と答えたくてたまらなくなることでしょう。でも，正解はもちろん8時間です。帰一法により，一人が1時間にどれだけできるのかというマンアワーの概念を導くことができます。8人，8時間，8個の穴というのは，はっきりと，それぞれの人が1個の穴を掘るのに8時間かかることを意味しています。ですから，1個の穴を掘るのは8マンアワーです。

Proportion（比例，比率）という言葉は，英語の日常会話の中では，物の縦横の比率のバランスを意味することが多々あります。見たときに本能的に最も美しく感じる，縦横の相対的な比率があるのです。何世紀もの間，多くの数学者，科学者，哲学者，建築家，デザイナー，芸術家が，この現象に魅了されてきました。

幾何学の父と称されるユークリッド（紀元前330頃～紀元前260頃）が，この黄金比として知られる，物を美しく見せる比率を初めて説明したと言われています。ユークリッドは線について考えましたが，この比率を目で感じるには，長方形を見た方が簡単だと思います。

上の長方形の縦横は黄金比の通りです。多くの人にとってこの比率は見たときに最も美しい長方形を成し，数多くの建築家が，中世のモスクから現代建築までありとあらゆるものに使っています。スイスの建築家ル・コルビュジエ（1887~1965）は，作品にこの比率を非常によく使いました。この長方形の大きな特徴は，内側にできる最大の正方形を切り抜いたとき，残った小さな長方形が，元の長方形の縦横と同じ比率になることです。

その小さな長方形で，また同じことを繰り返すと，意味がよりわかりやすいでしょう。

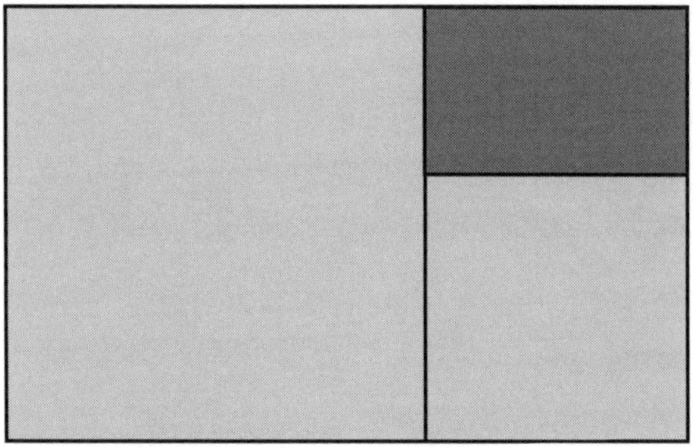

右上の長方形と元の長方形は，ともに縦横の比率が同じです。この図を見て，幾何学的抽象画で知られるオランダの画家ピエト・モンドリアン（1872~1944）の作品が思い浮かんだ方もいるかもしれません。それには理由があります。モンドリアンは最も美しい形を描こうとしたため，黄金比を使うことになったのです。

なぜこのような長方形が美しいと感じられるのでしょうか？　確実に解明した人は誰もいないのですが，アメリカの工学者エイドリアン・ベジャン（1948~）は，脳が情報を処理しやすくなるために，ぱっと見ただけでこの比率が最もわかりやすいように私たちの目が進化したのだろうと主張しています。もしかしたら，そういうわけで，どうやら無意識のうちに，私たちは黄金比に則っている形，絵，建物，その上顔まで，最も魅力的に思えるのでしょう。

数学において黄金比はとても重要で，πやeのように，それを示す文字があり，φ（ファイ）が使われています。ギリシャ建築の父ともいわれる，古代ギリシャの建築家で彫刻家フェイディアス（紀元前480頃～430頃）の名の最初の文字です。πやeと同様に，φも無理数です。

$$\varphi = \frac{1+\sqrt{5}}{2} = 1.61803398\cdots\cdots$$

（φがなぜこのような値になるのかについては，138～141ページ参照。）

つまり，私たちにとって最も美しい長方形は，横が縦の1.5倍よりほんの少し長いのです。この黄金比に則った縦横の顔は，平均的に，多くの人が魅力的だと感じます。顔写真を分析する顔認識アプリをダウンロードすれば，あなたやあなたの友達がどれだけ「美しい」のか測定することもできるのです。

問題発生：日付変更線を越えたF-22

アメリカ空軍のF-22ラプターは，まさに最先端の戦闘機です。レーダーで発見することはほとんど不可能で，航空力学，工学，そして，航空機のすべての面を管理する高性能コンピューターによる飛行等，最高の技術の結晶のようなものです。

けれども，そのため，コンピューターが動かなくなると大問題です。

2007年2月，まさにそのような事態が起きたのです。ハワイの基地から日本の基地へ12機のF-22が飛び立ち，途中で日付変更線を越えました。日付変更線は，アラスカと東ロシアの間から南に太平洋を通り，多くの島々のまわりを避けて，ニュージーランドを越えて行くため，まっすぐな線ではありません。飛行機は，この線を東から西へ越えると，24時間失うことになります。

アメリカ空軍はこの問題の詳細を明らかにしていませんが，おそらくコンピューターがこの日付変更に必要な対応をその瞬間にできなかったためだと思われます。多くのシステムが正常でない値を示し，戦闘機はナビゲーションと通信システムを完全に失ったのです。幸運にも，そのとき近くを飛んでいた空中給油機に目視で誘導してもらい，ハワイの基地に戻ることができました。1.48億ドルの飛行機なのに，世界を飛びまわることすらできなかったのです。

第13章

比率

割り算の記号「÷」は，比記号「:」と分数の横棒の組み合わせだろうと，よく思います。この記号を初めて使ったスイスの数学者ヨハン・ハインリッヒ・ラーン（1622~1676）が，果たしてそう考えたのかどうか私には見当もつきませんが，割り算と比と分数の関係を考えるにはうまく役立ちます。割り算と分数の関係ははっきりしています。

$$5 \div 7 = \frac{5}{7}$$

しかしながら，5：7という比は，割り算や分数とまったく同じ意味ではありません。もし二つのものの数量が5：7の比であると，それは一つのものの5個ごとに，もう一つのものは7個あるという意味です。

私の乾燥クスクスの袋には作り方が書かれています。乾燥クスクス100gごとに水160ミリリットルを混ぜるとあります。便利なことに，水160ミリリットルの質量はちょうど160gですので，次のような比を書くことができます。

水： 乾燥クスクス

160 : 100

もし私が，このおいしい地中海地域の炭水化物食品を説明通りに作るとして，水と乾燥クスクスの関係を分数で示そうとすると，どのようになるでしょう？　ここで，比は分数と異なることになるのです。水の割合が $\frac{160}{100}$ であるわけはありません。この分数は1より大きいのですから。また，乾燥クスクスもできあがったクスクスの $\frac{100}{160}$ になるわけではありません。

そうではなく，私のクスクス用ボウルの中身は 160 + 100 = 260g になるのです。つまり，水の割合は $\frac{160}{260}$ で，乾燥クスクスの割合は $\frac{100}{260}$ という意味になります。比を成す二つの数の合計が分数の分母になりました。

分数と同じように，必要に応じて比を等しい比に直すこともできます。クスクスの比を最小の数で表すとしたら，比の両方の数を20で割って次のようにできます。

$$160 : 100 = 8 : 5$$

たとえば，私が料理をしようとして量ってみたら，250gのクスクスがあることがわかったとします。これを料理するには，水がどれだけ必要なのでしょうか？　まず，元々の 160 : 100 の比から始めるとすると，2.5倍のクスクスがあるわけですから，水も2.5倍必要となります。2.5 × 160 = 400gの水が必要です。

学校の授業で比を習うときは，よくお金を分ける問題が使われます。アンナおばさんが3人の甥と姪のビリー，クララ，デイジーに100ポンドのお金を2 : 3 : 5の比であげるとすると，それぞれいくらずつもらえるでしょうか？

まず最初に，比は二つ以上の数量に使えることに気づかれたでしょう。分数ではできないことです。この問題を解くには，アンナおばさんが合計100ポンドとなる，たくさんのコインを配っているところを想像してみてください。2ポンドをビリーに，3ポンドをクララに，5ポンドをデイジーに渡しています。一度目に3人にあげた合計は10ポンドになります。これを10回できることは簡単にわかるでしょう。おばさんは合計100ポンド持っているのですから。となると，3人の甥と姪は，一度目にもらった分の10倍もらえるわけですから，それぞれ20ポンド，30ポンド，50ポンドもらえることになります。

B :	C :	D	比の合計
2	3	5	10
20	30	50	100

よく見かける別の比の例は，地図の縮尺です。簡単な地図の縮尺なら，「1㎝が100kmを表す」というようなものかもしれません，一方で，もっと大きな地域の地図になると，1：50,000といった比になるでしょう。これは，地図の上の物と実際の物のサイズの比です。

たとえば，私の家と場外馬券売り場の間の距離が，その地図で5cmだったとすると，実際はどのくらい離れているのでしょう？

この比は，実際の距離が50,000倍であると示しています。5cm × 50,000 ＝ 250,000cm。どれほど離れているのでしょう？　100で割ればセンチメートルをメートルに変換することができ，2500m，つまり2.5kmということになります。そう遠くはありません。

私は馬券売り場へ行くと，再び比を，オッズ（倍率）という形で使うことになります。オッズは比なのですが，イギリスでは伝統的に，たいてい「to 」や「-」で示され，時には「/」を使った分数も用いられています。とにかく，オッズはあなたの馬券が的中したときの，賭け金に対する儲けの比を表します。たとえば，「five-to-two」(あるいは，5-2，5/2)のオッズagainstで賭けるというのは，2ポンド賭けたら5ポンドの儲けが出るという意味です。賭け金も戻りますから，2ポンドの賭けが成功すると，7ポンド手元にあることになります。「five-to-two」のオッズonで賭けるというのは，5ポンド賭けたら2ポンド儲かるという意味で，やはり的中すれば7ポンド手元にあることになります。

このオッズというのは，ある程度確率を反映するものではありますが，確率ではないことを覚えておきましょう。確率についての詳細は196ページ以降を参照して下さい。

第3部
代数

第14章

基本

代数の基本的な概念は驚くほど単純です。知らない数(未知数)，あるいは変えられるようにしたい数(変数)に文字を使うのです。

それだけのことです。皆さんは長年，代数を使われています。小学校の子どもは次のような問いに取り組みます。

私はある数を思い浮かべています。その数の2倍は10です。
私が思い浮かべている数は何でしょう？

世界中どこの算数の授業でも入門レベルで使われる問題です。これを解くには，どのような方法を使おうと，未知数，つまり抽象化と取り組むことになります。代数は普通の計算とまったく同じ規則を使います。代数を通じて，人間は，世界のさまざまな事について，その前までの宗教や哲学による解釈に比べて，前例がないほど理論を立てたり詳細に説明したりすることができるようになりました。代数は，代数学の中だけでなく，数学の全分野で役立っています。

あなたはどのように上の問題を解きましたか？　ただ推測したのでない限り，おそらく次のように考えられたでしょう。2倍にしたら10になるのだから，その数は10の半分に違いない。10の半分は5！

つまり，あなたは2倍にする，2を掛けるという計算手順を理解し，その計算の反対，逆は2で割ることだとわかっているのです。皆さん，よくできました。

「我思う，ゆえに我あり」という言葉で知られる，フランスの哲学者かつ数学者ルネ・デカルト（1596~1650）は，代数学で現代も使われる文字の使い方を導入した最初の人です。デカルトならこの問題を次のように考えたかもしれません。

$$2n = 10$$

この簡潔な表記は未知数をnと表しています。2nは「2掛けるn」という意味です。2 × n と書くこともできますが，掛け算の記号はよく使われるxと紛らわしいので，この記号を省くことが慣習になっていて，文字を数に置き換えたときのみ記号を戻します。最後の「= 10」はただそのままの意味です。

一次方程式

上の問題のようなものは方程式と呼ばれます。私たちは頻繁に（いつもではありませんが）方程式を解くことができます。一つは天秤やシーソーを想像する方法です。等号は支点になります。私たちの問題のシーソーはこれです。

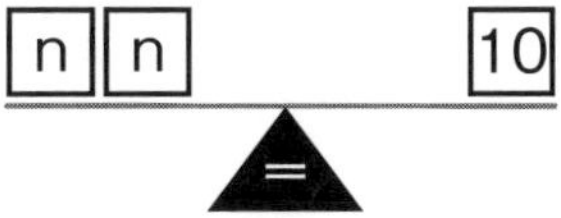

2個のnと10を比べ合わせやすくするためには，10を二つの同じ数量に分ける必要があることがわかります（つまり，2で割るということ）。

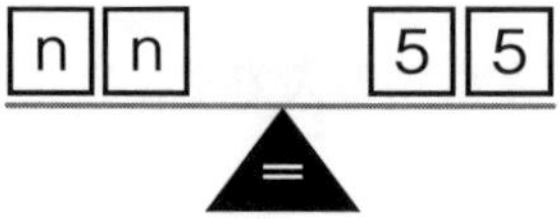

すなわち，nは5と等しいに違いありません。

私たちは経験的に，両側の質量が同じだとシーソーのバランスが取れることを知っていますので，このシーソーの考え方はとても役立ちます。片方の重さを変える場合は，もう片方も同じように変えると，等しい質量でバランスが取れます。

私はある数を思い浮かべています。その数の3倍に8を足すと20です。私が思い浮かべている数は何でしょう？

これは先ほどの問いより少々難しいですが，またnを使うと，方程式は $3n + 8 = 20$ となります。シーソーは次のようになります。

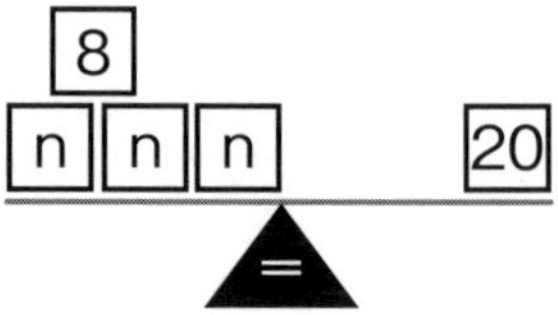

20は12+8だと考えられます。

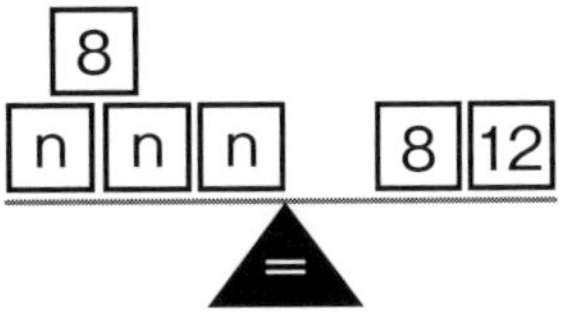

次に8を両側から取り除き，バランスを保ちます。

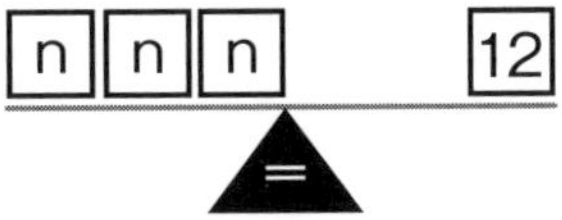

3つのnと比べやすくするために，12も三つに分けます。

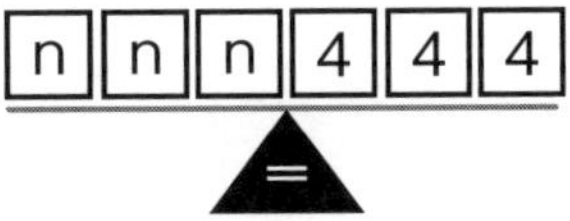

つまり，nは4と等しいに違いありません。このそれぞれの段階を順番に，シーソーでなく方程式に当てはめていくと，次のようになります。

$$3n + 8 = 20$$

（両辺から－8）

$$3n = 12$$

（両辺を3で割る）

$$n = 4$$

方程式を解くのは，まるでゲームで遊んでいるような感じです。片方に未知数，もう片方に数が残るまで，シーソーなり方程式から他の物を取り除いていくのです。取り除くには逆算を使います。次は引き算と割り算が含まれている方程式の例です。

$$\frac{n}{5} - 2 \qquad = \qquad 4$$

$$(+\ 2)$$

$$\frac{n}{5} \qquad = \qquad 6$$

$$(\times\ 5)$$

$$n \qquad = \qquad 30$$

未知数が方程式の両辺にあると，ほんの少し難しくなります。けれども，ほんの少しです。

$$5n + 7 \qquad = \qquad 3 + n$$

$$(-\ n)$$

$$4n + 7 \qquad = \qquad 3$$

$$(-\ 7)$$

$$4n \qquad = \qquad -4$$

$$(\div\ 4)$$

$$n \qquad = \qquad -1$$

こうして見つけた数を元々の方程式に当てはめて答えを確認できることを覚えていると，大変役に立ちます。これは代入と呼ばれています。

$$5 \times -1 + 7 \qquad = \qquad 3 + -1$$

$$-5 + 7 \qquad = \qquad 2$$

$$2 \qquad = \qquad 2$$

すっかり確認できましたので，私たちが出した答えは正解です。

二次方程式

今までの方程式はどれも一次方程式と呼ばれ，指数と関係づけられていない未知数を含んでいました。未知数の２乗が含まれる方程式は二次方程式と呼ばれ，解くには違う方法を用います。

縦横の長さがわかっていないものの，横が縦より2m長く，面積が$15m^2$の長方形があるとします。この情報から縦横の長さを求めることができるでしょうか？

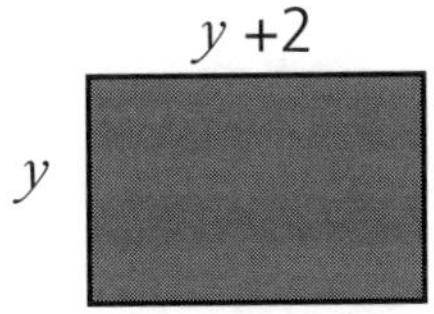

長方形の縦横の長さを掛けると面積を求めることができますので，次のような方程式を立てることができます。掛け算の記号を省くことを思い出して下さい。上の図のように長方形の縦の長さをyメートルとします。

$$y(y+2)=15$$

つまり，掛け合わせて15になる二つの数が必要で，その一つの数はもう一つよりも２大きいということです。

3と5ならうまくいきますから，$y=3$ が答えです。けれども，いつも，このように頭の中でぱっと思い浮かぶかどうかわかりません。ですから，二次方程式を解く代数の手順を見ていきましょう。

この例ではシーソーの方法が使えません。未知数が2ヵ所にあり，それをうまく組み合わせる方法がわかりません。長方形を，正方形と小さい長方形に分けて考えると役立ちます。正方形の面積は $y \times y = y^2$ です。長方形の面積は $2 \times y = 2y$ですので，次のようになります。

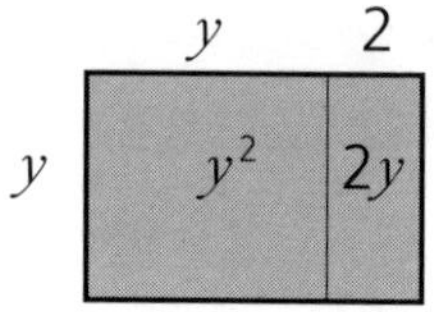

この図から，$y(y+2) = y^2 + 2y$ であることがわかります。正方形の面積と小さい長方形の面積を合わせると，大きい長方形の面積と同じになるからで，それは15のはずです。

$$y^2 + 2y = 15$$

かっこを外して掛ける形にして，y^2がはっきり現れました。これこそ，この方程式を二次方程式にしているものです。代数を使って二次方程式を解くには三つの方法があります。平方完成，因数分解，それから解の公式を使う方法です。

平方完成

この方法を使うには，次のようなものをかっこを外して掛ける，つまり展開するとどうなるかを理解する必要があります。

$$(x+1)^2$$

また，図形の助けを借りることができます。$(x+1)^2$ が意味するのは $(x+1)\times(x+1)$ で，ある数をまったく同じ数で掛けるのですから，これは正方形の面積になります。ある正方形の一辺を x という長さと1の長さに分けると，次のようになります。

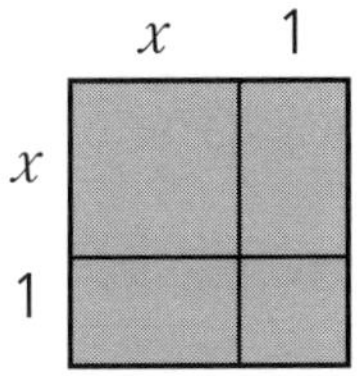

そして，各部分の面積を示すと次のようになります。

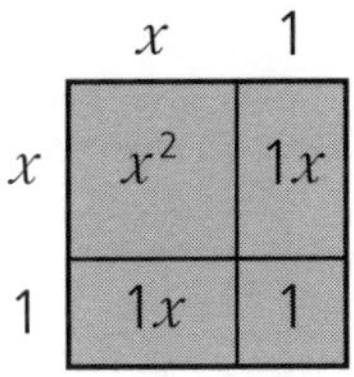

つまり，$(x+1)^2 = x^2 + 1x + 1x + 1$。$1x$ の項は足すことができますので，こうなります。

$$(x+1)^2 = x^2 + 2x + 1$$

それで，どうなるのでしょうか？　この右辺を，私たちが解こうとしている二次方程式の左辺と比べてみてください。$x^2 + 2x + 1$ と $y^2 + 2y$ はとても似た項を含んでいます。違うのは $+1$ だけです。この共通点を利用して，次のように表すことができます。

$$y^2 + 2y = (y + 1)^2 - 1$$

なぜ，わざわざこんなことをするのでしょう？　その理由は，二次方程式をこのようにすることで，yを1ヵ所にまとめ，一次方程式と同じ方法で解けるようにするためです。まず，この方程式を書き，それをどのように変えたのか表してみましょう。

$$y^2 + 2y = 15$$
$$(y + 1)^2 - 1 = 15$$

両辺に1を足すと次のようになります。

$$(y + 1)^2 = 16$$

さて，ここでいったん止まり，2乗をその逆の方法で取り除く方法を思い出して下さい。詳細は14ページを参照願いますが，左辺の2乗を取り除き，右辺に平方根を使います。

$$y + 1 = \pm\sqrt{16}$$

2乗して16になる数が二つあることを忘れないために±を付けました。4とマイナス4です。

$$y + 1 = \pm 4$$

次はそれぞれの側から1を引きましょう。

$$y = \pm 4 - 1$$

これは，yが +4 − 1 = 3 と -4 − 1 = -5 でありえるという意味です。両方ともこの二次方程式の正解ですが，長方形の場合は $y = 3$ のみが意味を成す答えです。こうして，yが3であるとわかりましたから，この長方形の横の長さである $y + 2$ を計算することもできます。そういうわけで，先ほどぱっとわかったのと同じように，長方形の縦横が3mと5mに違いないことがわかります。

因数分解

因数分解の方法は，二つの数を掛け合わせて0になったら，その数のどちらか，あるいは両方が0のはずであるということに基づく方法です。

m × n = 0 であるのなら，
m = 0 あるいはn = 0，もしくはその両方。

私の方程式は $y^2 + 2y = 15$ なのですから，上のことを活用するには，まず両辺から15を引き，0に等しくする必要があります。

$$y^2 + 2y - 15 = 0$$

二次式を因数分解するには，二つのかっこをともに掛け合わせるように書くことになります。つまり，$(y + n)(y + m)$ のような形で，n

とmは数になります。ここで，また長方形が役に立ちます。

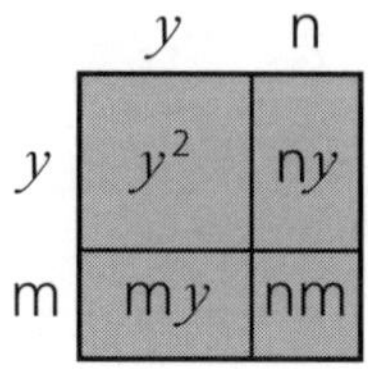

この図から，$(y+\mathrm{n})(y+\mathrm{m})=y^2+\mathrm{m}y+\mathrm{n}y+\mathrm{nm}$ であることがわかるでしょう。これを私の方程式と比べると，私の $+\mathrm{m}y$ $+\mathrm{n}y$ を $2y$，nmを -15に当てはめる必要があることがわかります。

$$
\begin{array}{lcc}
y^2 & +2y & -15 \\
y^2 & +\mathrm{m}y+\mathrm{n}y & +\mathrm{nm}
\end{array}
$$

つまり，私は足して2になり，掛けると -15になる二つの数が必要だということです。二つの数が掛け合わされて負の数になり，足すと正の数になるというのは，より大きい数が正（合計が正になるように）で，より小さい数が負（積が負になるように）であるときだけです。この場合だと，$\mathrm{m}=-3$ と $\mathrm{n}=5$ でうまくいきます。$\mathrm{m}+\mathrm{n}=-3+5=2$，$\mathrm{mn}=-3\times5=-15$ となり，ぴったりです。

この方法で次のことがわかりました。

$$y^2+2y-15=(y-3)(y+5)=0$$

この式の通りになるには，$y-3=0$ もしくは $y+5=0$ でなくてはなりません。この二つは一次方程式のとても簡単な例で，頭の中で y

が3か -5であるだろうと解くことができます。平方完成で解いた答えと同じです。今回もまた，両方とも正しい解ですが，長方形の場合は $y = 3$ だけが意味を成すことになります。

一般的に，二次方程式を因数分解で解くには，合計が y の項の前にある数と等しくなり，積が定数項（すなわち，y が入っていない項）と等しくなるような，二つの数を探すことになります。その二つの数をかっこの中で使い，それぞれのかっこの中が0になると考えれば，うまくいきます。

二次方程式の解の公式

二次方程式を解くために平方完成はいつも簡単なわけではありませんし，因数分解のやり方も必ずはっきりわかるものではありません。幸運なことに，一般項（数列の第n項を式として表したもの）による平方完成を用いて二次方程式を解く公式が作られています。インドの数学者ブラーマグプタ（597~668）は，最も早くに二次方程式の解の公式を考えた人の一人でしたが，デカルトの表記はその1,000年後のことですから，ブラーマグプタの公式は文字記号よりも言葉によるものでした。とにかく，$ay^2 + by + c = 0$ の形の二次方程式を解く公式は次のものです。

$$y = \frac{-b \pm \sqrt{b^2 - 4ac}}{2a}$$

難しそうに見えるかもしれませんが，実際はとても容易に使えるものです。私たちの方程式は $y^2 + 2y - 15 = 0$ だったのですから，$a = 1$, $b = 2, c = -15$ だとおわかりでしょう。これを公式に当てはめてみます。

$$y = \frac{-2 \pm \sqrt{2^2 - 4 \times -15}}{2 \times 1}$$

$$y = \frac{-2 \pm \sqrt{4 - -60}}{2} = \frac{-2 \pm \sqrt{64}}{2}$$

$$y = \frac{-2 \pm 8}{2}$$

$$y = \frac{-2 + 8}{2} = 3 \text{ or } y = \frac{-2 - 8}{2} = -5$$

ここで，二つほど注目するべきことがあります。まず第一に，この公式は2乗の項の最初に数が付いているときでも，その二次方程式を解かせてくれます。平方完成や因数分解の方法でも解くことは可能ですが，かなり複雑になってしまいます。第二に，もしも $b^2 - 4ac$ の部分が負の数だと，その平方根を見つけることはできなくなり，つまりはその二次方程式に解がないということになります。これは実数解がないということです。数学者は，-1の平方根を i としました。これは想像上の数「虚数」です。電気工学や量子力学といった分野の，想像上ではない用途に使われる驚くべき数で，さまざまなおもしろい結果を生んでいます。

代数を理解するためのキーワード

代数をさらに理解するために役立つキーワードがいくつかあります。そのうちいくつかは，もう今までに出てきましたが，まとめてみましょう。

キーワード	定義	例
係数	未知数のすぐ前にある数。	$3x^2$ の場合，3 が x^2 の係数。
項	式の各部分。	$2x$ は上の式の項。
等式	等号で結ばれた数式。解を見つけることができるかもしれない。	$3x^2+2x-5=0$ は等式。
公式	値を代入することができる，法則を一般的に表す等式。	$E=mc^2$ は，エネルギー (E)，質量 (m) と光速度 (c) を結びつける公式。
恒等式	変数がどのような値になっても成り立つ等式。合同記号（≡）を使って恒等式であると示すことができる。	$\mathrm{a}(\mathrm{b}+\mathrm{c}) \equiv \mathrm{ab}+\mathrm{bc}$ a，b，c がどのような値でも成り立つ。

デカルトと座標

デカルトは，未知数を表すのに文字を使った最初の人ではありませんが，1637 年の著書『幾何学』で現代的な代数学を初めて築きました。この著書において，デカルトは数学の二つの分野，幾何学と代数学を初めて結びつけることができたのです。これにより，図形や線を代数方程式で表すことが可能になりました。デカルトはベッドに横になって，天井を動き回るハエの位置を見ていたときに，xy 座標（デカルトにちなんでデカルト座標とも呼ばれる）を初めて思いついたと言い伝えられています。ハエの位置を正確に示せるようにしたくて，天井のすみの角を出発点（原点）に選び，二つの数を座標の値に使ってハエの位置を示したのです。海戦ゲームによく似ています。

第15章
最適化

日々の生活でぶち当たる多くの問題は最適化にかかわることです。たとえば，何かをできるだけ大きくする(よくあるのは利益，売り上げ，アクセス数など)，あるいはできるだけ小さくする(費用，時間など)といったことがあげられます。代数を使って問題を数学的に記すことができれば，理想的な解決のために代数を使える可能性も高いでしょう。

ある古い伝説によると，昔，たくさん息子がいる騎士が，息子それぞれの結婚祝いに，100ヤードのロープで囲める限りの土地を与えることにしました。その土地の境界線の一つには，すでにあるフェンスを使うことができ，土地は長方形でなくてはならないと決めました。

息子たちの中で特に数学の才のある者は，いかにしてできるだけ広い土地を手に入れられるでしょうか？　この状況は，次のように図で表すことができます。

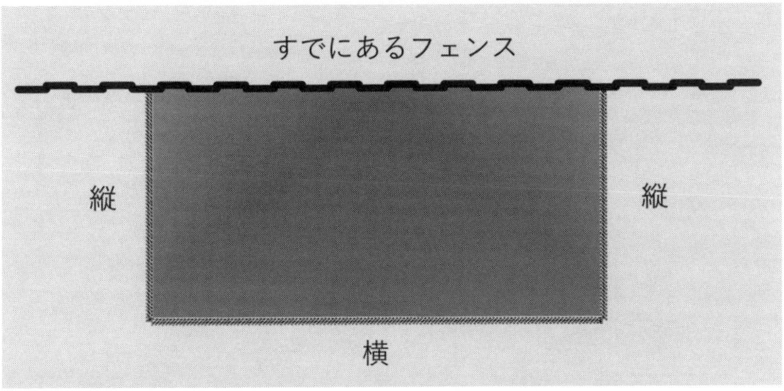

ロープの長さは100ヤードですから，縦 + 横 + 縦 = 100 ということです。縦にx，横にyの文字を使うと，$2x + y = 100$ となります。また，横は $100 - 2x$であるということもでき，これは次の手順で役立つことになります。

そして，土地の面積を最大にしたいということもわかっています。面積は縦横を掛けて求めます。面積をＡとすると，次のようになります。

$$A = xy \text{　そして，} y = 100 - 2x \text{ なので，}$$
$$A = x(100 - 2x)$$

これで，ありとあらゆる縦の長さに基づいて，面積を求める公式ができました。ここからは，xにいろいろな値を入れてみて，最大の面積となるものを探せばよいのです。けれども，すべての可能性を試してみなければ，どれが最大なのか確かめることはできません。一つの方法として，できるだけたくさんの可能な組み合わせを計算して，それをグラフにし，およその見当をつけることができるでしょう。次のような正確なグラフにならなくても，それに近いものができて，見当をつけることができます。

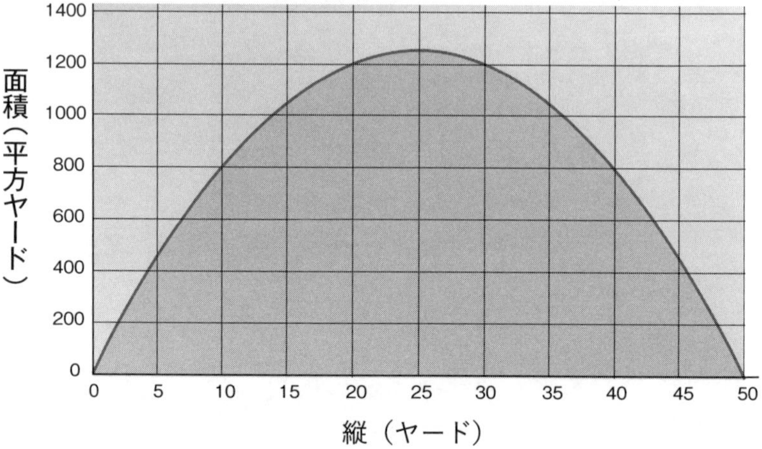

この正確なグラフを見ると，xが25ヤードのときに面積が1250平方ヤードとなり，最大面積であるとわかります。あなたが描いたグラフでは，必ずしも xが25ヤードのときに面積が1250平方ヤードで最大面積だとは言い切れないでしょうが，およその見当をつけることはできます。では，グラフを使わず，解析的に答えを求めるには，どのような方法があるのでしょうか？

再び平方完成

面積を求めるこの公式 $A = x(100 - 2x)$のかっこを開くと，次のようになります。

$$A = 100x - 2x^2$$

これは二次の式なので，平方完成できるはずですが，まず最初に少々整理し直しておきましょう。

$$A = -2x^2 + 100x$$
$$A = -2(x^2 - 50x)$$

このかっこの中身は，前の章の例にかなり似たものになりました。

$$x^2 - 50x = (x - 25)^2 + c$$

ここで「＋ c」と書いた理由は，この等式を成立させるためにはある数を導き出さなくてはならないとわかっているからです。

$$(x - 25)^2 = (x - 25)(x - 25) = x^2 - 50x + 625$$

かっこを2乗することで等式の右側に，必要のない余計な625ができてしまいました。c = -625 とすると，これを取り除いて等しくすることができます。

$$x^2 - 50x = (x - 25)^2 - 625$$

これを，私たちの面積の等式に（明確にするために角かっこを使って）置き戻し，少々まとめ直すと次のようになります。

$$A = -2[x^2 - 50x]$$
$$A = -2[(x - 25)^2 - 625]$$
$$A = -2(x - 25)^2 + 1250$$

さて，ここで驚くべき見事なことが起きます。二次式を平方完成すると，最大値あるいは最小値がわかるのです。この面積の公式は $-2(x - 25)^2$ という負の部分と，1250という正の部分でできています。正の部分を増やすことはできませんので，面積を最大にするには負の部分を最小にする必要があります。( )の部分は2乗され，2乗の数はみな正の数になりますから，2乗されて可能な限り最小のかっこの値は0であり，$x = 25$ でかっこの中は0になります。つまり，$x = 25$ ヤードのときに最大面積1250平方ヤードとなることを示しています。というわけで，騎士の息子は縦25ヤード，横50ヤードの長方形にすると最大の土地をもらえるということになります。先ほどの正確なグラフと同じ答えです。つまり，平方完成を使えば，グラフの頂点を求めることができるのです。

ややこしい手順ですが，結論を導く理屈を理解してもらえるよう願います。平方完成は二次方程式にのみうまくいく方法です。では，最適化したい公式が2より大きい指数を使っていたら，どうするのでしょうか？

微分積分

微分積分学と呼ばれる数学の分野は，値がどう変化するのかを見せてくれます。微分によって，ある値の変化の割合を知ることができ，グラフを書く必要なしに傾きの正負が変化するポイントを知ることができます。

微分で重要なのは，傾きの概念と，増減が変化するポイントでの傾きが何であるかということです。なだらかな坂ばかりの数学の山々でハイキングをしていることを想像してみてください。多くの時間は山を上に登ることになり，これは正の傾きです。また，坂を下りるときは，進行方向に対して負の傾きとなります。山の頂上や谷底は，この道のりで高度の増減が変化するポイントとなり，登ることから下りることへ，あるいは下りることから登ることへ変わる，平らな地面です。微分によって，このような傾きがゼロの場所を見つけることができます。

微分の詳しい仕組みは，この本でお話しする範囲以上のことですので，もっと詳細を知りたい方は高校数学の教科書を読んでみて下さい。

さて，今日あなたは，この図のような三次式の山々で10kmのハイキングをする計画を立てました。x^3が含まれている方程式は三次方程式であり，次の式は，今日私たちが行く特定の山々のコースを表しています。xは出発点から横へ水平な距離で，yは出発点から縦へ高さの距離です。

$$y = 2x^3 - 15x^2 + 24x + 10$$

微分を使って，図の山の頂上がどこで，谷底がどこなのか見つけてみましょう。微分は，もっとも単純な形で，等式を傾きの等式に変えることができます。それには，x項を次の規則で変換します。

x^n は nx^{n-1} にする

このルールを使うと，式にあるx^3は$3x^2$になり，x^2は$2x$になります。xはx^1であることを前にお話ししました。ですから，それを微分すると$1x^0$になります。10は，xがまったく含まれていないので，ゼロになります。さて，ここまで元の方程式に当てはめてみると次のようになります（$x^0 = 1$ であることは，66ページ参照）。

$$傾き = 2 \times 3x^2 - 15 \times 2x^1 + 24 \times x^0 + 0$$
$$傾き = 6x^2 - 30x + 24$$

さて，頂上と谷底は傾きがゼロになることを思い出して下さい。

$$6x^2 - 30x + 24 = 0$$

これは，すでに皆さんが親しまれたものの一つ，二次方程式で，複数の解き方があります（107~114ページ参照）。どの方法を使っても，$x = 1$と4の時に等式が成り立つということがわかるはずです。では，どちらが頂上でどちらが谷底なのか，どうしたらわかるのでしょう？　この二つの値を元の方程式に代入すれば，その結果を比べて，どちらがより高い場所なのかわかります。

$$y = 2x^3 - 15x^2 + 24x + 10$$

$x = 1$ の場合

$$y = 2 \times 1^3 - 15 \times 1^2 + 24 \times 1 + 10$$
$$y = 2 - 15 + 24 + 10$$
$$y = 21$$

$x = 4$ の場合

$$y = 2 \times 4^3 - 15 \times 4^2 + 24 \times 4 + 10$$
$$y = 128 - 240 + 96 + 10$$
$$y = -6$$

これで，最初の傾きゼロの場所が頂上で，二つ目の方が谷底だとわかります。

ニュートン対ライプニッツ※

微分積分には，ハイキングの計画だけではなく，多くの使い道があり，1600年代に発明されて以来，たくさんの問題を解決させてくれる，数学の最も重要な分野の一つになりました。ところが，これをどちらが先に考え出したのか，当時数学界の二人の巨匠が論争し，イギリスとヨーロッパ大陸の数学界が長年分裂することになったのでした。

イギリス側は，わざわざ紹介する必要もないほど有名な紳士，サー・アイザック・ニュートン。落ちるリンゴの観察者，錬金術師，ケンブリッジ大学教授，下院議員，王立造幣局長官，王立協会会長であった人物です。

ドイツ側は，ゴットフリート・ライプニッツ（1646~1716）。神童，哲学者，外交官，機械式計算機の発明者，二進法の考案者，哲学的楽天主義の創始者であった人物です。

この二人はそれぞれ別々に同じ頃，微分積分を考え出したのです。ライプニッツが考えを先に出版しましたが，ニュートンは，ライプニッツも会員である王立協会で自分が見せていた論文の内容をライプニッツが盗んだのだと主張しました。この争いは，大物学者二人の間のことでしたので，厳しい言葉の書簡や風刺だらけのパンフレット配布等によって続きました。

ライプニッツは論争が終わる前に亡くなりました。今日，両者ともに微分積分を考案する数学的能力があり，二人ともさまざまな他の数学者の業績を読んでインスピレーションを得ていたことが明らかになっているようです。あえて言うと，ライプニッツの記法が今日まで生き残っているものです。

※欧米でポピュラーなフィグニュートンとチョコライプニッツは，私が大好きな菓子です。チョコライプニッツは数学者にちなんで名付けられ，彼が住み働いたハノーファーで作られています。しかしながら，フィグニュートンの方はアメリカの町にちなんだ名前です。

第16章

アルゴリズム

アルゴリズムはコンピューターサイエンスと密接に結びついていますが，その発祥はコンピューターよりずっと古いものです。アルゴリズムとは，ひとまとめの指示のことです。通常一つの数や複数の数を選んで入力を行い，ひとまとまりの手順を踏むと，出力を受け取ることができます。アルゴリズムは必ずしも代数の一部ではありませんが，ほとんどの場合はその入力する数に変数の概念を使いますので，ここに含めることにしました。

ロシア農民の掛け算

この例は，ロシア農民の掛け算と呼ばれるアルゴリズムですが，そのように呼ばれるようになるずっと前から，別の場所で使われていた証拠があります。もし35×47を計算したければ，このアルゴリズムでは，小さい数の方を選び，それを半分にし続けます。余りは無視します。

35
17
8
4
2
1

次に，もう1列，大きい方の数を倍にし続けて作ります。

35	47
17	94
8	188
4	376
2	752
1	1504

それから，左側の列が偶数になっている行をすべて消してしまいます。

35	47
17	94
~~8~~	~~188~~
~~4~~	~~376~~
~~2~~	~~752~~
1	1504

右側の列に残っている数を全部足して，答えを求めます。

$$47 + 94 + 1504 = 1645$$

従って，$35 \times 47 = 1645$ です。

すごいでしょう？　このアルゴリズムは，半分や倍にして足すだけなのに，二つの数を掛け合わせる方法なのです。おそらく，九九を知らないロシアの農民には理想的だったかもしれません。複雑な作業を分解して単純な手順にすることにより，アルゴリズムはコンピューターのプログラミングにも理想的です。実際，ほとんどのコンピュータープログラマーは，コンピューターに特定の出力を達成させるアルゴリズムを教えるために時間を費やしています。掛け算のためだったり，リストを作ることだったり，自撮り写真のあなたを若く見せるためだったり。

コンピュータープログラム

世界初のコンピュータープログラムは，ベルヌーイ数（ヤコブ・ベルヌーイの名から。80ページ参照）と呼ばれる一連の数を計算するアルゴリズムでした。筆算では非常に困難な計算です。驚くべきことに，このプログラムは，それを使うコンピューターが作り出される，ずっと前に書かれました。エイダ・ラブレス（1815~1852）は非常に優秀なイギリスの女性で，同じく数学者でもあった工学者チャールズ・バベッジ（1791~1871）とともに，未完成に終わった蒸気機関を用いたコンピューター，解析機関の設計をしている中で，プログラムを書いたのでした。ラブレスは，解析機関を単なる計算機として考えただけでなく，数値でコード化が可能なものはすべてそのコードで遂行することが可能であることに気づきました。音楽，絵，文字を含み，まさに今日，私たちがコンピューターで楽しんでいることを予知していたのでした。

電気によるコンピューターが発明製造され，人間が解くにはあまりにも時間がかかる問題に使えるようになりました。よい例は，アラン・チューリング（1912~1954）のボンベで，これは，第二次世界大戦時にナチスのエニグマ暗号機による暗号を解読するためにブレッチリーパークの頭脳集団が使ったコンピューターです。

使われていた概念は割と単純です。エニグマ暗号は，超強力なコードホイールのようなものでした。つまり，メッセージの文字をキーボードで打つと，機械はその文字を三つの（ローターと呼ばれた）コードホイールに通し，暗号化された文字のランプが点灯します。巧妙なことに，一文字打つたびにローターが回転するため，メッセージの各文字が異なる暗号鍵を使って暗号化されました。各ローターの開始位置を知らない限り，このメッセージを解読するのはまず無理でしょう。

ボンベは，エニグマの唯一の弱点「それぞれの文字はそれ自体の文字に決して暗号化されない」ということをうまく利用しました。ボンベは，ローターの開始位置のそれぞれの組み合わせを試し，元の文字自体に換字しないかどうか確かめて，それに当てはまる特定の設定を消去しました。単純明快なアルゴリズムですが，異なるローターの使用やエニグマ暗号機の他の巧妙な機能により，可能な開始位置のパターンは159×10^{18}通りの設定がありました。このような作業は，滞りなく稼働し続けるコンピューターにぴったりです。人間の何倍も速く終えることでしょう。

今日，アルゴリズムは，私たちが当たり前に思っているさまざまな分野の場面を支えています。あなたが現在地から目的地までの道順を知ろうとすると，コンピューターは最短経路（距離か時間のどちらかで）を導き出すアルゴリズムを使い，その結果があなたにとって最適化するように多くの計算を行います。最短経路を求めるアルゴリズムの一つは，オランダのコンピューター工学者エドガー・ダイクストラ（1930~2002）の名にちなみ，ダイクストラ法と呼ばれています。また，あなたがインターネットに情報を送ると，あるアルゴリズムがそれを安全に守るために使われます（48～49ページ参照）。アルファベット順のリストや，何らかの数値順のスプレッドシートには，ある順に並べるアルゴリズムが使われています。電話やインターネットで誰かと通話するときは，温室効果発見前に振動の数学的研究を重ねていた，フランスのジョゼフ・フーリエ（1768~1830）の名にちなむ，フーリエ変換というアルゴリズムが音や画像をデジタル化しています。リンク解析は，データ間の関連性を確立するさまざまなアルゴリズムを使う手法です。これは多くの分野に影響を与えました。あなたにとって最適な結果を選ぶ検索エンジン，あなたにどの広告を見せるか決めるSNSアプリ，マーケティングや医療研究，警察の証拠照合等々。

しかしながら，コンピューター科学者や数学者の仕事は終わっていません。効率よく解決するアルゴリズムが存在しない問題がいくつも残っているのです。

ビンパッキング問題と巡回セールスマン問題

物をある場所から別の場所へ効率よく安価に動かすことは，現代の小売業界にとって重要な基本事項です。特にネット通販の利用者が家へ配達を求めることがますます増えています。ですから，小売業者にとって，配達トラックに荷を積む最良の方法や，運転手に与える最短経路を速やかに示すことのできるアルゴリズムがないことは，かなりやっかいなのです。

ビンパッキング問題，これは実にめんどうなこととして知られていて，ある容量の荷物をある容量のスペースに詰め込む最良の方法を見つけようとすることについてです。たとえば，配達トラックの荷台に荷物を載せる場合等です。困ったことに，最適な積み方を決める単純な方法はありません。最大の荷物から？　最小の荷物から？　あるいは，別の種類の荷物から？　可能な組み合わせをすべて分析して，最良の方法を選ぶことは可能ですが，この計算はたいてい時間がかかりすぎることになります。

さて，なんらかの賢い方法でバンに荷物を載せることができたら，その荷物を全部配達する最良の経路をどのように決めますか？

この問題は，もともと巡回セールスマン問題と呼ばれ，アイルランドの数学者ウィリアム・ローワン・ハミルトン（1805~1865）とイギリスの聖職者トーマス・カークマン（1806~1895）が最初に研究しました。彼らは，いくつかの町を巡回した後，工場に戻らなくてはならないセールスマンが，どの町も二度行くことのない最短経路を求めようと考えました。ハミルトンは1857年に「イコシアンゲーム」と呼ばれるこの問題を表すボードゲームまで作り出しました。これはゲームアプリになっており，今でも楽しむことができます。

既存のアルゴリズムは必ずしも正しい経路を導き出さないということが，すぐわかりました。たとえば，最近傍法と呼ばれるアルゴリズムは，その名の通り，まだ訪れていない最も近い町へ連れて行ってくれることができますが，後になってとても長い道のりを残すこともありえます。

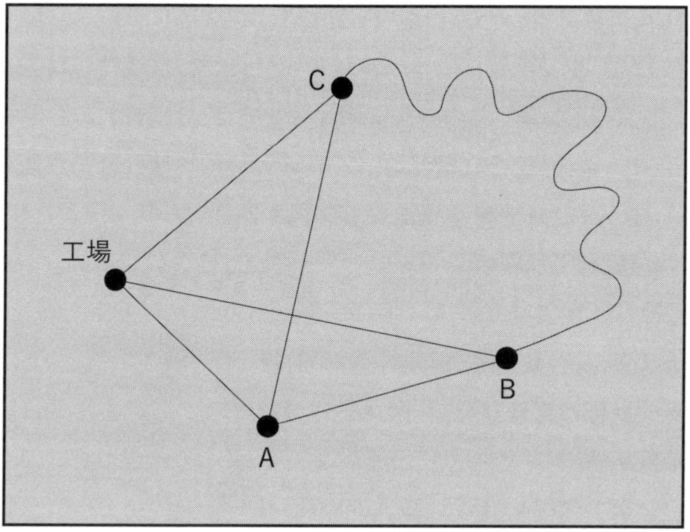

上の例では，最近傍法を使うと，あなたは工場からA，次にBへ行くことになり，その後は，Cへ長いくねくね道を通ることのみが残されます。工場→C→A→B→工場の方が，ずっと短い距離になります。

そうなると，最短経路を見つけるには，経路をすべてリストにする方法しかありません。この例では，三つの町へ行くだけですので，あまりめんどうではありません。

工場→A→B→C→工場
工場→A→C→B→工場
工場→B→A→C→工場
工場→B→C→A→工場
工場→C→A→B→工場
工場→C→B→A→工場

よく考えてみると，いくつかの経路はもう一つの経路を反対方向に進んでいるだけです。たとえば，最初の経路と最後の経路がそれにあたりますので，これは別の経路として数えないことにします。そうすると，このリストには，どちらの方向にも進める，三つの可能な経路が残ります。

経路の数をより直接的に計算するには，まず，工場からどの町へ行くか三つの選択肢があり，その次はまだ訪問していない二つの町，そして，まだ訪問していない一つの町へ行き，最後に工場へ戻るということになります。これは，3 × 2 × 1 = 6 の経路の選択肢があるということになり，進行方向が逆になるだけの経路もあるので，これを半分にします。

数学記号を使って，3 × 2 × 1 は 3! と表すことができ，これは「3 の階乗」と読みます。上記の例から，私には，チェックするべき 3! ÷ 2 の経路があるということになります。もし20の町へ行かなければならないとしたら，チェックするべき 20! ÷ 2 の経路があるのです。

$$\frac{20!}{2}=\frac{20\times19\times18\cdots\cdots\times3\times2\times1}{2}\approx 1{,}216{,}451{,}000{,}000{,}000{,}000$$

この数値は，エニグマ暗号機の設定数と同じような類いです。すでにおわかりでしょうが，階乗は，あっという間に数値を増やしてしまうのです。数学者は，このような問題をNPと呼びます。Nondeterministic Polynomial Time（非決定性多項式時間）を短縮したもので，この専門用語の意味は，取り組み中の数値が増えると，それを掛ける組み合わせ数も増え，取り組むべき組み合わせ数と最適な答えを求める時間が莫大なものに増えることを意味します。

最適な結果に近いものを適当な時間で出してくれるアルゴリズムがたくさんあります。このような発見的なアルゴリズムは，自分で地図を見て経路を考えるときに私たちがすることと似ています。つまり，完璧な経路であるかどうかわかりませんが，役立ち，見つけるのに時間がかかりすぎません。

もしあなたが，このようなものでなく，完璧な結果を出す効率のよいアルゴリズムを考え出されたら，つまり，すべての可能な組み合わせをチェックしないで最適な解答を見つけるアルゴリズムを考案されたとしたら，ぜひ教えて下さい。大金を支払ってその利用権を手に入れたい会社をいくつも紹介することができると思います。

第17章

公式

この本は公式だらけです。数学を使うときの基礎のようなものですから，避けることは無理でしょう。この章では，いくつかの公式をもっとよく見て，その働きを考えてみたく思います。

公式の変形

温度を摂氏（C）から華氏（F）に変換する公式は次のものです。

$$F = \frac{9C}{5} + 32$$

今この公式では，Cにある数値を入力するとFの値が出力され，Fが答えとなります。その逆，華氏から摂氏への変換をしたい場合はどうするのでしょう？　アメリカの料理の本等を読むときに必要かもしれません。公式で求めるものを変えるのは，方程式を解くことにとても似ています。同じ手順で，方程式では最後に解となる数値にたどりつきましたが，今度は変形した公式を得ることになります。

$$F = \frac{9C}{5} + 32$$

$$(-32)$$

$$F - 32 = \frac{9C}{5}$$

$$(\times 5)$$

$$5(F - 32) = 9C$$

$$(\div 9)$$

$$\frac{5(F - 32)}{9} = C$$

この新しい公式は，元の公式の逆算で，お互いにまったく反対の計算をすることになります。たとえば，C ＝ 摂氏25°であれば，次のようになります。

$$F = \frac{9 \times 25}{5} + 32 = 77$$

この計算から，摂氏25°は華氏77°であるとわかりました。これを新しい公式に代入してみます。

$$C = \frac{5(77 - 32)}{9} = 25$$

華氏77°は摂氏25°となり，元に戻ったわけです。

遅刻は欠席よりずっといい

アメリカの数学者ジョージ・ダンツィーク（1914~2005）は，まだ学生であった時に大学の講義に遅刻してしまいました。そして，黒板に書かれていた二つの問題を見て，てっきり教授が出題した課題だと思いました。正しく解いて提出したところ，驚いたことに，それは学生への課題ではなく，数学の二つの未解決問題として講義で紹介されたものだったのです。そして，教授から，その解は博士論文に匹敵するものだと告げられたのでした。

数列

数学者が試みることの一つは，特定のことから一般化することです。たとえば，今取り組んだ例では，摂氏25°が華氏77°と等しいとわかり，これは特定の例でした。一方，公式は，一般的なさまざまな温度を変換させてくれます。

数学者はたびたび数のパターンに興味を持ちます。単純な例をあげてみましょう。

2，4，6，8，10，12，14，16，18，20……

これらは偶数で，2の倍数とも言えます。皆さん，何の問題もなくこの数列を続けることができるでしょう。次の数は2を足せばよいだけなのですから。数列に並んでいるそれぞれの数は「項」と呼ばれます。この数列の初項は2で，数学者はこれを $t_1 = 2$ と記します。私は項にtを選びましたが，他の記号を使っても大丈夫です。第2項は4で，$t_2 = 4$。次は，$t_3 = 6$，そして$t_4 = 8$。

次に，特定のものから一般化を行ってみます。先ほど言ったように，この数列で次の項を見つけるには2を加えることが必要です。今この数列の第n項，つまりt_nを見ていて，次の項を求めようとしているのならば，次の公式を使うことができます。

次の項 = 今の項 + 2

$$t_{n+1} = t_n + 2$$

これは，数列の漸化式と呼ばれます。しかしながら，この数列は，初項が何であるかによって違ってきます。もし $t_1 = 2$ であれば，先程のように偶数が並ぶことになりますが，もし $t_1 = 1$ であれば，1，3，5，7等が並び，偶数でなく奇数の列になります。

大変有名な数列に，フィボナッチ数列というものがあります。

1，1，2，3，5，8，13，21，34……

フィボナッチ（22ページ参照）にちなんで名付けられ，次の項を求めるには，その前の2項を足すというルールに基づいています。漸化式を書くと，次のようになります。

$t_1 = 1$ と $t_2 = 1$ であるとき $t_{n+1} = t_{n-1} + t_n$

このような数は自然界に，特に植物にたくさん存在しています。茎から育つ枝や根はフィボナッチ数となることがたびたびあり，ヒマワリといった花の種の連なりが成すらせん，パイナップルや松ぼっくりの表面に見られるらせんのパターンも同様です。

このような漸化式は一般項で数列を説明するには役立ちますが，数列の後の方にある項を計算するには，その前の方にある数を全部計算してからでないと，求めることができません。第1000項の数を知りたかったら，どうしたらよいのでしょう？　これには，第n項の公式が必要です。

偶数の数列に戻ると，項が何番目の項なのかを示す添字と，その項自体のパターンに気づかれることでしょう。$t_1 = 2$，$t_2 = 4$，$t_3 = 6$，$t_4 = 8$ となり，項自体の値は必ず添字の2倍です。

$$t_n = 2n$$

この公式なら，第1000項目を直接計算することができます。$t_{1000} = 2 \times 1000 = 2000$。フィボナッチ数列にも第n項を求める公式を作ることができるでしょうか？

あることはあるのですが，ちょっと複雑です。偶数の数列は項が同じ差で増えていく等差数列なので比較的簡単です。フィボナッチ数列は各項が異なる差で増えていきます。

φの再登場

95ページで「φ= 1.61803398……」について触れました。一体これが，フィボナッチ数とどう関係するのでしょうか？　フィボナッチ数列の連続する二つの項で，大きい方の数を小さい方の数で割ってみましょう。

$$1 \div 1 = 1$$
$$2 \div 1 = 2$$
$$3 \div 2 = 1.5$$
$$5 \div 3 = 1.66666\cdots\cdots$$
$$8 \div 5 = 1.6$$
$$13 \div 8 = 1.625$$
$$21 \div 13 = 1.61538\cdots\cdots$$
$$34 \div 21 = 1.61905\cdots\cdots$$
$$55 \div 34 = 1.61764\cdots\cdots$$

上の計算で得た数値はφにとても近いのです。フィボナッチ数列の項をちょっと飛ばして，第19項と第20項で計算してみると次のようになります。

$$6765 \div 4181 = 1.61803396\cdots\cdots$$

これは小数第7位までφと同じです。どうやらフィボナッチ数と黄金比の間には何か関係がありそうです。

φの値を説明するために，またあの美しい長方形について考えてみましょう。長方形の長い方の辺の長さをφとすると，短い方の辺の長さは1ということで，次の図のようになります。

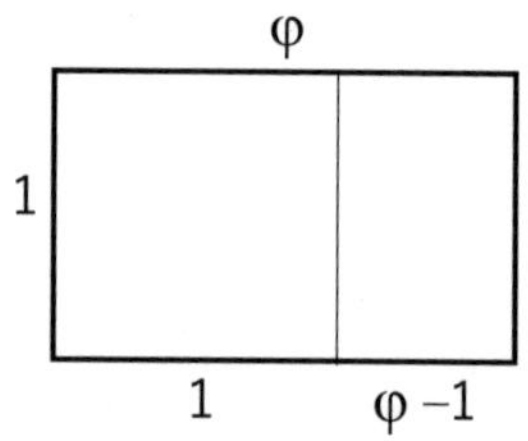

黄金比のルールの一つは，小さい長方形の方も必ず同じ比率になるということでした。元の大きい長方形の辺の長さはφと1です。小さい長方形の辺の長さは1と$\varphi - 1$。それぞれの長方形の縦の長さを横の長さで割ると，同じ分数になるはずです。

$$\frac{\varphi}{1} = \frac{1}{\varphi - 1}$$

1で割られているものは何であれ，それ自体ですので，次のようになります。

$$\varphi = \frac{1}{\varphi - 1}$$

これは解くことのできる方程式です。φを一つにまとめる必要がありますので，両側に分数の分母を掛けましょう。

$$\varphi(\varphi - 1) = 1$$

かっこをはずして掛け算をします。

$$\varphi^2 - \varphi = 1$$

二次方程式（107ページ参照）です。解くためには0に等しくする必要がありますので，両側から1を引きましょう。

$$\varphi^2 - \varphi - 1 = 0$$

この二次方程式はうまく因数分解できません。となると，平方完成か二次方程式の解の公式で解く方法が残されています。この章は公式についての章ですので，後者を選びます。

$$\varphi = \frac{-(-1) \pm \sqrt{(-1)^2 - 4 \times 1 \times -1}}{2 \times 1}$$

$$\varphi = \frac{1 \pm \sqrt{5}}{2}$$

この答えは $\varphi = 1.6180339887\cdots\cdots$ と $-0.6180339887\cdots\cdots$ ですが，負の数の方は取り除きます。長方形の辺の長さに負の数はありえません。

ここで，フィボナッチ数列の第n項の公式の話に戻りましょう。アブラーム・ド・モアブル（1667~1754）は，フランスのプロテスタントで，迫害を受けてロンドンへ逃れました。そして，ロンドンでアイザック・ニュートンに出会って親しくなりました。なんとニュートンが数学で困ると，頼りにするのはド・モアブルというほどだったようです。とにかく，ド・モアブルは，このフィボナッチ数の公式を出版した最初の人物です。

$$F_n = \frac{\varphi^n - (1 - \varphi)^n}{\sqrt{5}}$$

無理数が含まれている式なのに,計算の結果は,整数であるフィボナッチ数になるのですから，不思議なものです。

ド・モアブルの予言

ド・モアブルは87歳の高齢で亡くなり，当時としては大変長生きをした人でした。言い伝えによると，彼は毎晩の睡眠時間が長くなりだしたため，睡眠に必要な時間が1日の時間数より多くなったときに自分が死ぬだろうと予言したそうです。そして，そうなる日を計算し，まさにその日に亡くなったのでした。

三体問題

天文学に詳しくなりたければ,たくさんの公式の理解は欠かせません。長年多くの数学者が天文学を学んできました。この問題はそれ以前にも研究されていましたが，初めて正式に三体問題を提起したのはニュートンで,代表的著作『自然哲学の数学的諸原理』に記されています。これは,宇宙の三つの物体，つまり三体の動きと，それぞれの引力がお互いに影響をどのように受けるのかということについての問題です。これらすべての土台となる公式について，べき乗の章で少々触れましたが(70～71ページ参照)，また登場してもらいましょう。

$$F = \frac{Gm_1m_2}{r^2}$$

これはニュートンの万有引力の公式として知られ，二つの物体間の引力は，二つの物体の質量の積（$m_1 \times m_2$）を物体間の距離の２乗（r^2）で割り，万有引力定数（G）を掛けたものだと言っています。太陽の周りを回る地球のような，二体間の動きについてはかなり簡単に計算できることになります。これに三つ目の物体，たとえば地球の周りを回る月のような物を加えると，これを考える数学はずっとやっかいなものになるのです。このシステムに物体を加え続けていくと，それを支える方程式は，解析的に解くことが不可能なほど複雑になってしまいます。つまり，代数学を使って解くことはできないという意味ですが，方程式にぴったり当てはまる数を見つける方法を使うことにより，数値的に解くことができるかもしれません。これは通常，非常に時間がかかることで，今日ではコンピューターに任せる作業です。

結論を言うと，太陽系にある物の軌道は，惑星，衛星，小惑星，人工衛星等何であろうと，どれも少し揺れがあります。これは，太陽系の他の物体からの重力が，その物体が近づいたり遠くなったりすることによって変化するためです。

天文学者は惑星の揺れの観察に秀で，それによって太陽系内の他の物体の存在を推測します。1846年，パリ天文台のフランス人ユルバン・ルヴェリエ（1811~1877）は，何か月にもわたる計算の後，天王星の実際の軌道と，当時の太陽系のモデルから予測される軌道の間にずれがあることを突き止め，海王星の存在を推測しました。それからルヴェリエの計算は惑星の観察に使われるようになりました。海王星の数学的発見は，19世紀の最たる科学的偉業の一つとみなされています。

おもしろいことに，ルヴェリエは水星の揺れについても研究し，別の惑星の存在を主張しました。これは惑星バルカンと呼ばれました。けれども，誰もこの惑星を見つけることができず，1916年，ついにアルバート・アインシュタイン（1879~1955）が，この揺れが太陽との近距離によることを一般相対性理論で説明したのでした。

とにかく，天文学者たちは海王星を観察し続け，計算し，海王星自体も未知の物体の影響を受けていることを発見しました。なかなか明らかにされませんでしたが，1930年，ついにアメリカ人のクライド・トンボー（1906~1997）が，2週間違いで撮影された夜空の天体写真の比較から冥王星を発見しました。けれども，とても小さく，その大きさでは海王星や天王星の軌道に揺れを起こす原因にはなれないもので，後になって，海王星の質量の見積もりが誤って大きすぎたのが原因であることがわかりました。

冥王星は発見されて以来，太陽系の物体の中で質量17位でしかありませんでした。地球の月でさえもっと重いのです。2006年，国際天文学連合は正式に惑星の定義を決め，冥王星はその条件を満たすことができませんでした。よって，冥王星は降格し，エリスやセドナ等いくつかの候補と共に準惑星になりました。

このようなことがあっても，2015年，冥王星に最接近した無人探査機ニューホライズンには，トンボーの遺灰が搭載されました。

セドナはとても奇妙な軌道で，この軌道やいくつか他の遠く離れた準惑星の数学的分析から，一部の科学者たちは第9惑星プラネット・ナインと仮に呼ばれる，地球の4倍も大きく，その軌道が他の太陽系と直角をなしている惑星の存在を信じるようになりました。数の上では理屈が合うのですから，あとは発見するだけです！

ネーターとミルザハニ

数学は，歴史的に男性がほとんど独占してきた分野です。これは疑いなく，教育や機会の不平等が原因であり，神経学的な性差があるわけではありません。幸い，ゆっくりと変化していますが，こうした状況でありながらも数学で名を成した女性というのは，実に並外れて優れた数学者だったということでしょう。

エミー・ネーター（1882~1935）はドイツ人で，多くの人々（アインシュタインを含めて）に，男女両方の数学者の中で最も優れた数学者の一人であるとみなされています。素晴らしい能力と業績があるのに，大学で教えても無給で，助手として男性の同僚の名前で講義をしなくてはなりませんでした。ネーターは教職を務めながら，ネーターの原理と現在呼ばれる理論を発展させ，物理学に大きな貢献をしました。

マリアム・ミルザハニ（1977~2017）はイランの数学者で，数学で最高の賞であるフィールズ賞（ノーベル賞に数学はありませんので）の初の女性受賞者として知られています。ミルザハニはイランで大学を卒業した後，アメリカへ移り，幾何学の分野で名声を得ました。がんにより40歳の若さで亡くなり，髪を覆わない写真がイランの報道で使われた数少ない女性の一人になりました。

第 4 部
幾何学

第18章

面積と外周

幾何学は英語ではgeometryと言います。古代ギリシャ語の「土地の測量」という言葉が由来で，大変長い間，数学の中で非常に役立ってきた分野です。私たちはよく古代文化を遺跡と結びつけて考えますが，それこそ幾何学を使って設計されたものなのです。

ここで，幾何学の基礎をさっとおさらいしておきましょう。

角

私たちは通常，図にある直線を，それぞれの線分が通る点を使って呼んでいます。たとえば，線分ABと線分CDは点Eで交差するのであれば，これは次のように描くことができます。

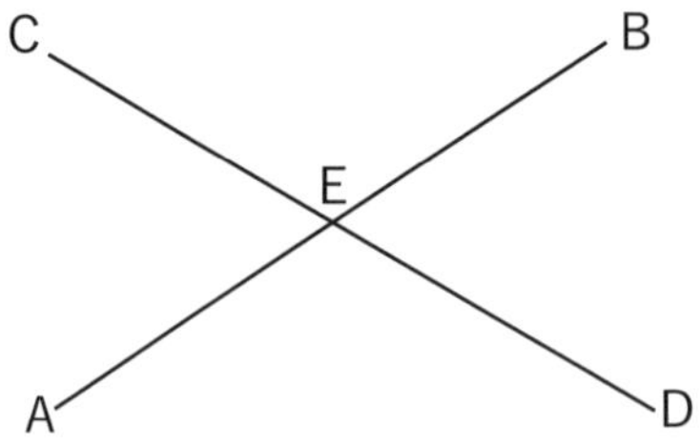

点Eに四つの角ができています。角の呼び方は，その角を成している

2本の線分を使います。下の図で示されている角であれば，AからE，それからCに行くときにできる角です。ですから，角AECあるいは∠AECと呼びます。∠CEAでも同じことです。

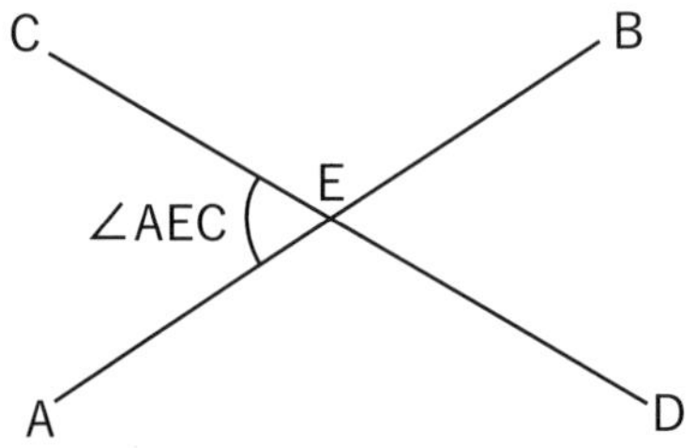

一つの点の周りは360度ですが，これは古代メソポタミア文明の60を基本とする記数法（60進法）から来たものです。1本の線分は点や頂点（Eのような角の先端部分）をぴったり二つに区切り，それぞれの側を180°にします。頂点で向かい合っている角の角度は等しいことがわかります。たとえば∠AECと∠BED。このような向かい合わせの角は対頂角と呼ばれます。

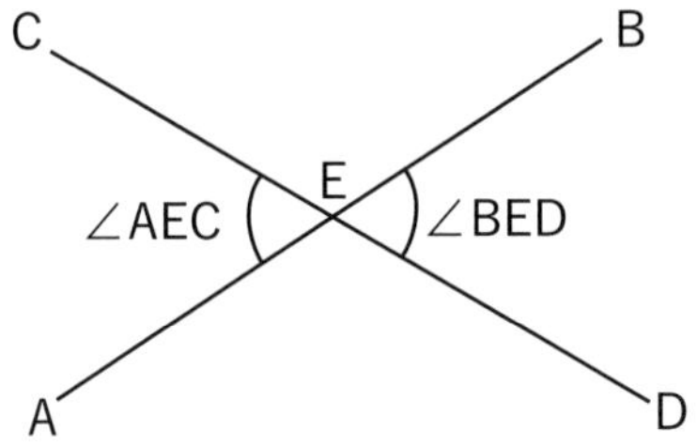

この図のそれぞれの角度はわかりませんが，∠AECと∠BEDが共に鋭角（90°未満の角）であり，∠CEBと∠AEDは鈍角（90°より大きく，180°未満の角）であることが見てわかります。なお180°より大き

い角は優角と呼ばれます。

平行

平行な2直線の間は常に同じ距離で，お互いに交わることは決してありません。平行な2直線（「>」の記号がついている2直線）を横切る直線を1本引いてみると，この関係がさらによくわかります。

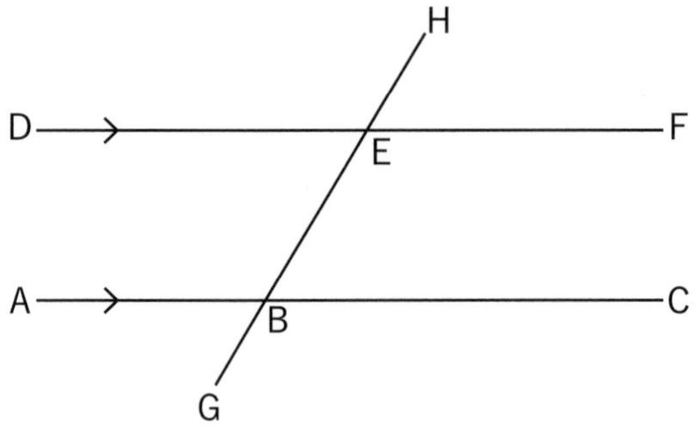

直線GHは，平行な直線DFと直線ACに同じ角度で交わり，点Bと点Eでまったく同じような交点を成しています。それぞれの交点で同じ位置を占めている角は等しい角度で，これは同位角と呼ばれます。たとえば，∠HEFと∠HBCは同位角です。

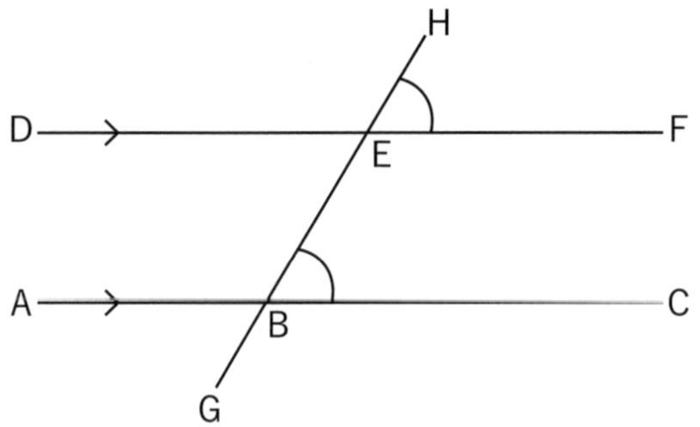

∠HEFと∠BEDは対頂角ですから，同じ角度に違いありません。ということは，∠BEDと∠HBCも同じ角度に違いなく，これは錯角といいます。

ギリシャ幾何学

幾何学は元々，実用的な工学に基づいた学問分野として生まれたものでしたが，特に哲学に熱心なギリシャ人の手によって，おのずと理論的な学問になっていきました。タレス（紀元前624頃〜紀元前546頃），ピタゴラス（紀元前570頃〜紀元前495頃），エウドクソス（紀元前390頃〜紀元前337頃）は三人とも大きく貢献しましたが，とりわけプトレマイオス朝エジプトに住んでいたギリシャ人ユークリッドは「幾何学の父」と称されています。なぜ，他の人ではなくユークリッドなのでしょうか？　それは，ベストセラーを書いたからです。

ユークリッドの著作『原論』は史上最も偉大な教科書と考えられていて，20世紀に至るまで知識人とみなされたい人が皆読む標準的な本でした。今日では，その内容の多くが，学校で学ぶ数学のあちこちに分散して含まれています。この著作は，正確で一貫した論理により証明を論じた初期の例の一つであり，それ以後のすべての基準を定めたとして，数学者たちに称賛されています。

ユークリッドは，明らかに真実で証明の必要がない事を公理と呼び，そこから始めました。たとえば，どの二つの点も直線で結ぶことができますし，どの直線も伸ばしたいだけ延長することができます。ユークリッドはこのような公理を使って証明を進め，幾何学や数の定理を論証したのです。

たとえば，ユークリッドは三角形の内角の和が必ず180°になることを，同位角と錯角の考え方のみを使って証明しました。平行な2直線の間に描かれた三角形ABCを思い浮かべて下さい。

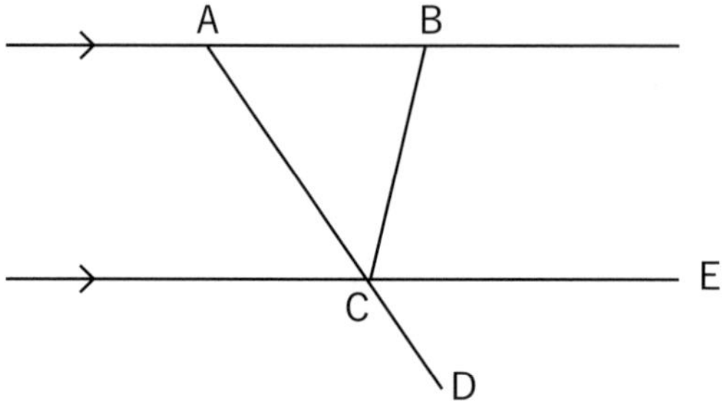

ユークリッドは次のように述べました。

∠ABCと∠BCEは錯角なので同じ角度。

∠BACと∠ECDは同位角なので同じ角度。

よって，∠ABC+ ∠BAC = ∠BCE + ∠ECD。

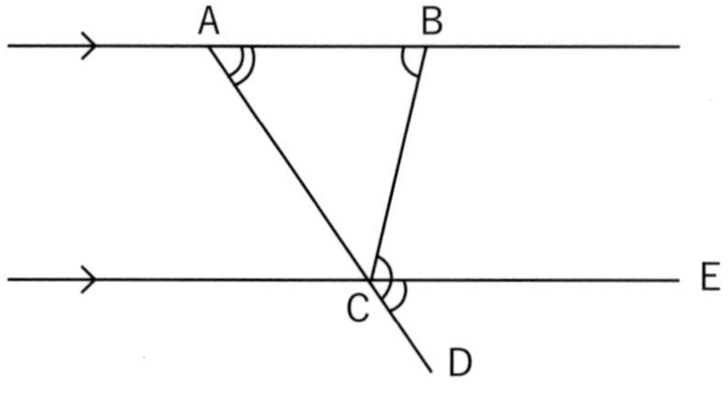

三角形の三つ目の角である∠ACBを，この等式の両側に加えると，次のようになります。

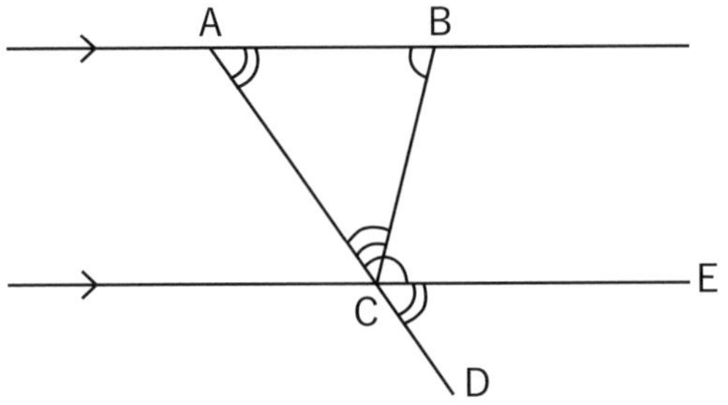

$$\angle ABC + \angle BAC + \angle ACB = \angle BCE + \angle ECD + \angle ACB$$

三角形の内角の和　＝　直線の角度の和

よって，三角形の内角の和は180°です。

外周

外周には二つの意味があります。平面図形の外側の周囲の長さ，あるいは周囲そのもの。たとえば，ある土地の外周は210メートルだと言うこともできれば，その外周は長方形だと言うこともできます。最初の狩猟採集民が農業に移行してから，人間は形というものに興味を持ち続けてきました。いくつもの古代文明において畑の大きさや形に関する数学問題が存在していた証拠があり，そうしたものはよく農民への課税に使われていました。

直線に囲まれた図形，つまり多角形の外周を測るのは単純です。曲線や円弧がかかわってくると，そう簡単ではなくなります。ロープやひものような曲がる物を曲線の上に置き，それをまっすぐにして円弧の長さを測ることは可能です。しかしながら，古代の数学者は公式を好み，円の外周を求める公式を見つけることにだいぶ長い間，夢中になっていました。

円

円周と呼ばれる円の周囲を計算するために，古代の数学者は，正方形の辺の長さと，それと等しい長さの半径を持つ円の外周（円周）の関係に注目しました。

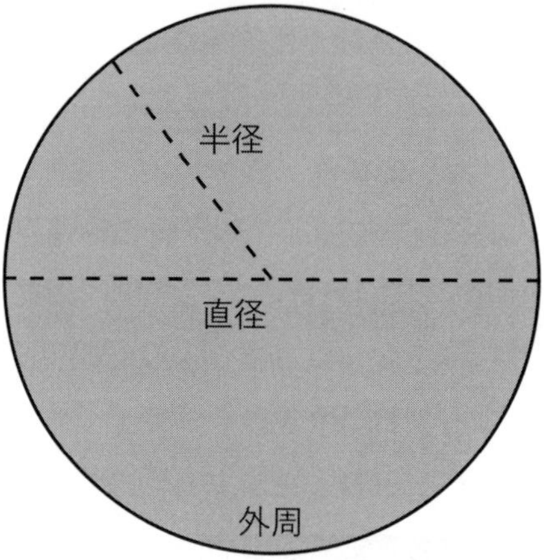

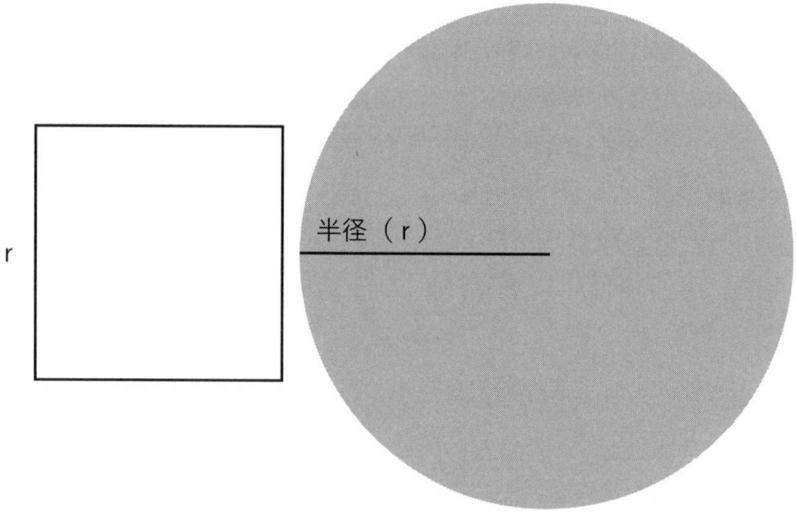

円の外周は，この正方形の一辺の長さに6と少々を掛けた長さです。

円周 = 6と少々 × 半径

何人かの数学者たちは，この6と少々にギリシャ文字のtである記号τ（タウ）を使おうと提唱しました。直径，つまり半径の倍ではこうなります。

円周 = 3と少々 × 直径

古代バビロニアやエジプトの人々は，この値を円や円弧を含む建築に使うのに十分な精度まで解き明かしましたが，最初にこの値を理論的に，精度を高めて求めたのは，古代ギリシャの数学魔術師アルキメデス（紀元前287頃～紀元前212頃）でした。

アルキメデスの方法は，下記の図のように，二つの六角形を使って円のだいたいのところを求めることでした。

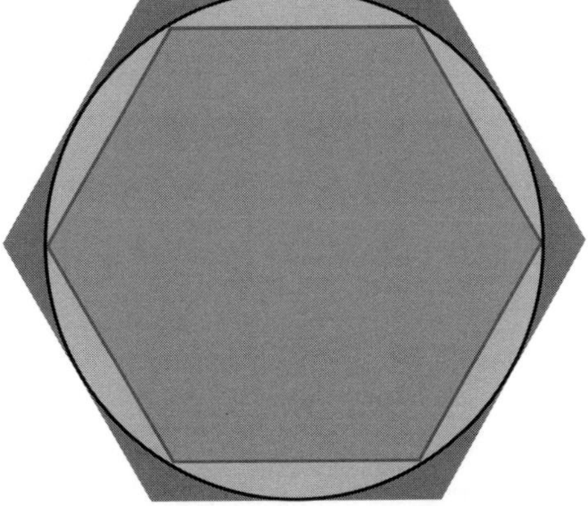

どの辺もまっすぐですから六角形の外周を測るのは簡単です。アルキメデスは，円周が，内側の六角形すなわち内接六角形の外周と，外側の六角形すなわち外接六角形の外周の間になるはずだと考えました。そこから，多角形の辺の数を倍増させて，ますます精度を高めて円周の値に近づけたのです。辺の数が96になったときにわかったのは，円周が直径のおよそ$\frac{22}{7}$倍だということでした。

この値は長い間「アルキメデス定数」として知られていましたが，π記号はもっと後になってから使われるようになりました。πは，ギリシャ語で「周囲」という意味の単語の頭文字です。アルキメデスの数値は実際の数値にとても近く，今日でも計算機を使わない数学の試験での概算に使われています。

半径r，直径dの円では次のようになります。

$$円周 = \pi d = 2\pi r$$

その後の研究により，πは無理数（13ページ参照）だとわかりましたので，私たちに可能な最善策は近い値を使うことです。また，πは超越数でもあります。超越数とは，項の係数や指数が整数である方程式の解にならない数のことを意味します。ある数が超越数であると証明するのはかなり難しく，1882年，ドイツの数学者フェルディナント・フォン・リンデマン（1852~1939）によって，πが超越数だと初めて示されました。

面積

面積とは，図形が占める平面の広さのことです。古代から幾何学者たちは，コンパスと定規のみで円と等しい面積の正方形を作図しようという，「円積問題」と呼ばれる問題に挑み続けました。けれどもその作図は不可能であると，フォン・リンデマンの発見により証明されたのです。

塀の塗装やオフィス内装に使うペンキを購入するときなど，しばしば費用が面積に比例することがあります。多角形の面積を求めるために重要なのは，長方形の面積（縦×横）と三角形の面積（底辺×高さ÷2）を計算ことです。というのも，どのような多角形も，長方形と三角形に分けて面積を求めることができるからです。その一例が下の図です。

この図で，四角形（四つ辺がある多角形）は，三角形三つと長方形一つに分けられています。しかしながら，曲線が使われた図形の面積を知りたいとなると，これはもっとややこしくなります。円の面積の公式については82~83ページで触れましたが，公式なしで最初からとなると，どのように求めることができるのでしょう？　円を小分けにして並べ直してみたらどうでしょうか？

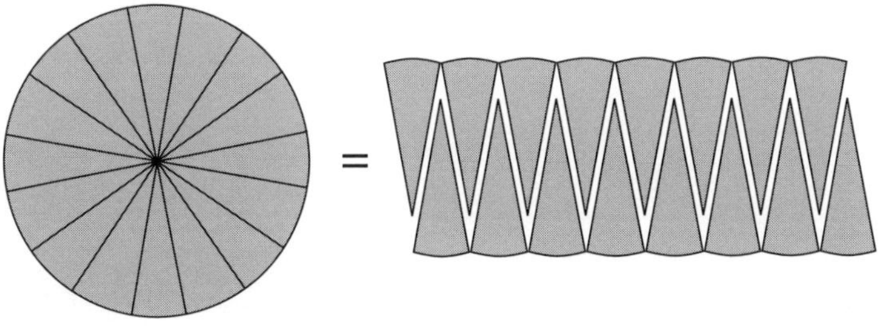

この図で，円を等しく小分けにして，長方形に近くなるように並べ替えてみました。小分けにすればするほど，並べ替えたものは長方形に近づき，やがて小分けにしたもの自体も非常に細い長方形に近づきます。長方形の面積は，縦×横です。並べ替えた長方形に近い形の縦は，円の中心から縁までの距離，つまり半径です。また，横は円周の半分に違いありません。上下にパイ皮の縁のようなものが半分ずつ並んだのですから。となると，この長方形に近い形の面積は 半径×(円周÷2) ということです。

$$
\begin{aligned}
\text{円の面積} &= \text{半径} \times (\text{円周} \div 2) \\
&= r \times (2\pi r \div 2) \\
&= r \times \pi r \\
&= \pi r^2
\end{aligned}
$$

うちの近くのピザ店にはさまざまな大きさのピザがあり，直径を表示して売られています。Mサイズのピザは直径9.5インチで価格は13.99ポンド。Sサイズは直径7インチで価格は6.99ポンド。どちらのピザが割安なのでしょう？

そこで，小数第1位までの面積を比べてみます。

$$\text{M サイズの面積} = \pi \times \left(\frac{9.5}{2}\right)^2 = 70.9\ \text{平方インチ}$$

$$\text{S サイズの面積} = \pi \times \left(\frac{7}{2}\right)^2 = 38.5\ \text{平方インチ}$$

ということは，Sサイズ2枚は面積が 38.5 × 2 = 77平方インチで，

13.98ポンドになりますから，Mサイズ1枚よりもお得です。ピザを買うときは注文する前にしっかり確かめてみましょう！

微分積分の再登場

円の面積が計算できると，円の部分から成り立っている形の面積を求めるのに役立ちます。それ以外の曲線から成り立つ図形の面積には，微分（120～121ページ参照）の逆，積分を使います。曲線を方程式を使って示すことができれば，それを積分して，曲線の下の面積を示す別の方程式を得ることができるのです。

微分積分はまた，球のような曲面を持つ立体の体積を求めるために使うことができます。しかしながら，幾何学についての説明というものは，まずピタゴラスについて述べずに完結させることはできません。

フラクタル　―　有限な面積，無限大の長さの周囲

これは，ある図形を生み出すアルゴリズムです。まず，正方形から始めます。

そして，各辺の真ん中に別の正方形を加えます。

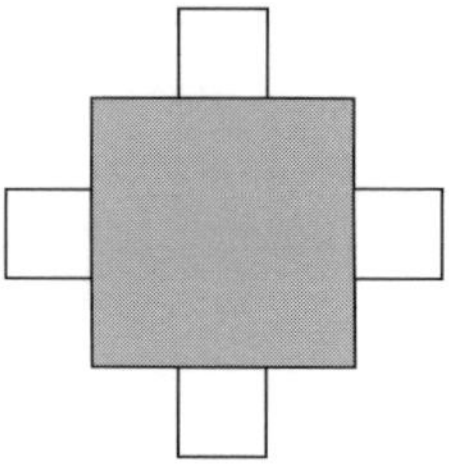

これを，いやになるほど繰り返します。

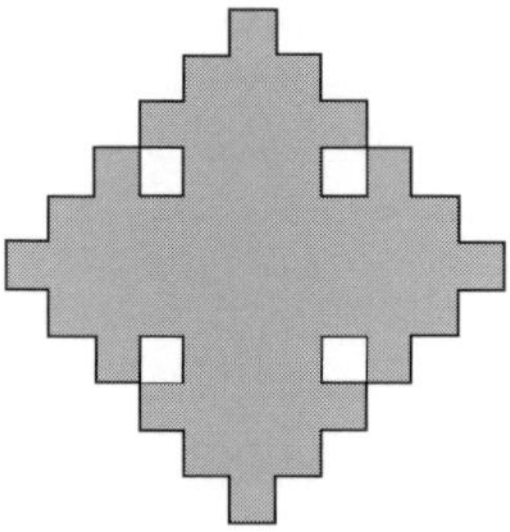

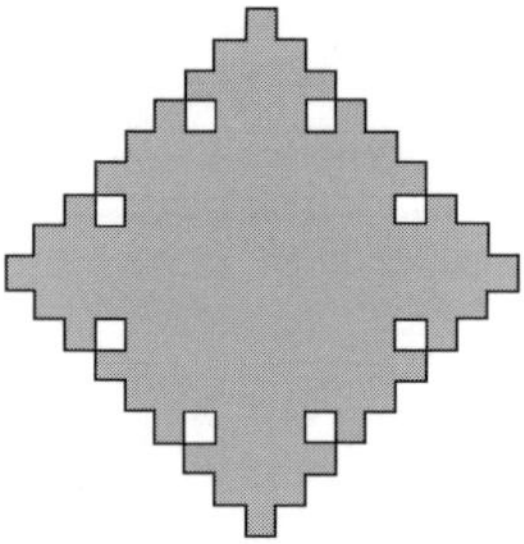

このようにおのずと繰り返すパターンは，フラクタルとして知られ，いくつかのとてもおもしろい特徴を持っています。

図形の辺の長さを2倍にすることは，拡大率が2であると言います。普通，面積は拡大率の2乗に増え，ここでは，$2^2 = 4$ 倍（91ページのタイルを思い浮かべて下さい）になります。これは上の図のフラクタルにも言えることでしょうか？

最初にもっと正方形を加えた，つまり反復操作を行ったとき，それぞれの辺の長さは，拡大率 $\frac{5}{3}$ で増えました。元の辺の長さが3単位だとすると，各辺が5単位の長さの図形に置き換えられたということです。

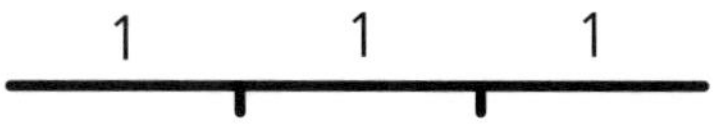

上記は下記に置き換えられます。

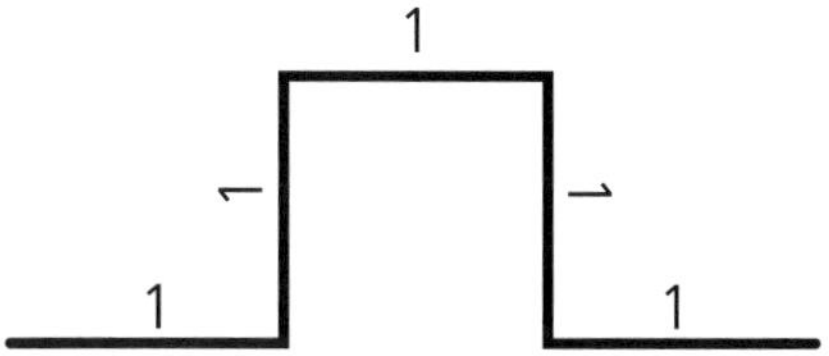

面積は，9 (つまり3 × 3) から13に変わります。もし拡大の通常規則が働くとすると，次のようになります。

$$9 \times \left(\frac{5}{3}\right)^2 = 13$$

つまり，面積は拡大率の2乗に増えます。けれども，この式の左側を計算すると，実際の答えは25になります。反復操作をするたびに，その図形の周囲の長さは，面積の増加から予想した以上に増えることになります。

結局，この反復操作をずっと続けていくと，面積が有限であるのに，周囲の長さは無限大に近づき続けます。立体でやっても同じようなことが起き，体積が有限であるのに，表面積が無限大になります。多くの植物や動物は，表面積が極めて重要とされる部分，たとえば肺や葉で，この法則に従っています。

第19章

ピタゴラスの定理

ピタゴラスの名で呼ばれている定理ですが，ピタゴラス本人が発見したのではありません。ピタゴラス以前の世界のさまざまな文化に，この定理が使われていた記録が残されているのです。しかしながら，ピタゴラスは，この定理を証明した最も初期の人々の一人でした。

三平方の定理とも呼ばれるピタゴラスの定理は，直角三角形についてのものです。

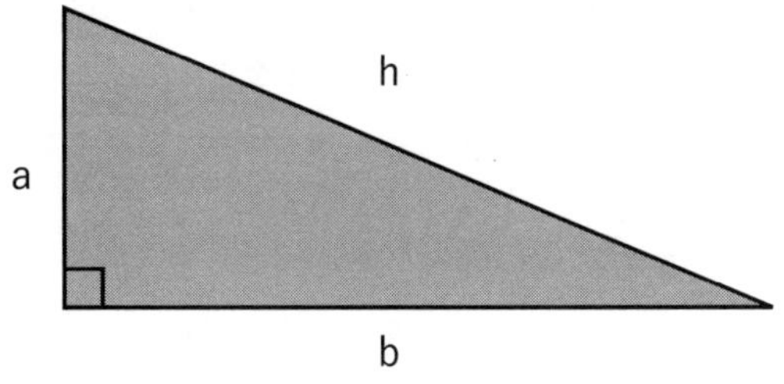

直角を挟む二つの辺をaとbとします。残りの辺はhとします。hは直角三角形の最も長い辺を意味するhypotenuse（斜辺）の頭文字で，斜辺は必ず直角の角と向き合う位置にあります。ピタゴラスは，この定理の証明を三角形の並べ替えだけを使って，実に優雅に行いました。

まず，これと同じ三角形4個を並べて，次の図のような，同じ面積の正方形を２個作ります。

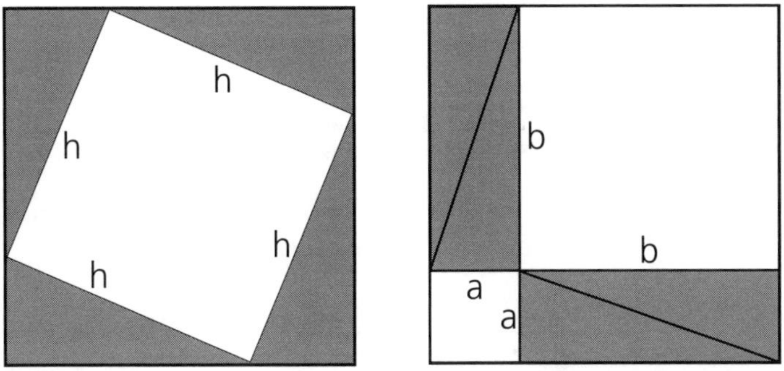

ピタゴラスは，左の正方形の内側にある正方形の面積が $h \times h = h^2$ であることを指摘しました。そして，右の正方形の内側にある二つの正方形の面積はa^2とb^2に違いありません。右の大きい正方形も左の大きな正方形も同じ面積で，三角形もまったく同じなのですから，次の事実が成り立つはずです。

$$h^2 = a^2 + b^2$$

ピタゴラスの定理を使えば，次ページの例のように，わかっていない直角三角形の辺の長さを計算することができるのです。

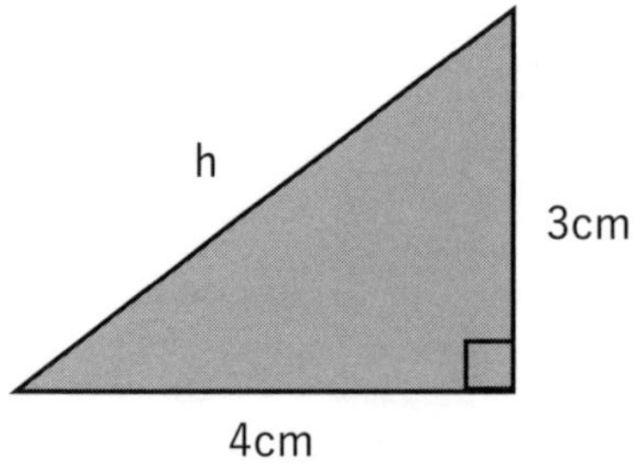

$$h^2 = a^2 + b^2$$
$$h = \sqrt{a^2 + b^2}$$
$$h = \sqrt{3^2 + 4^2}$$
$$h = \sqrt{9 + 16}$$
$$h = \sqrt{25}$$
$$h = 5\ \mathrm{cm}$$

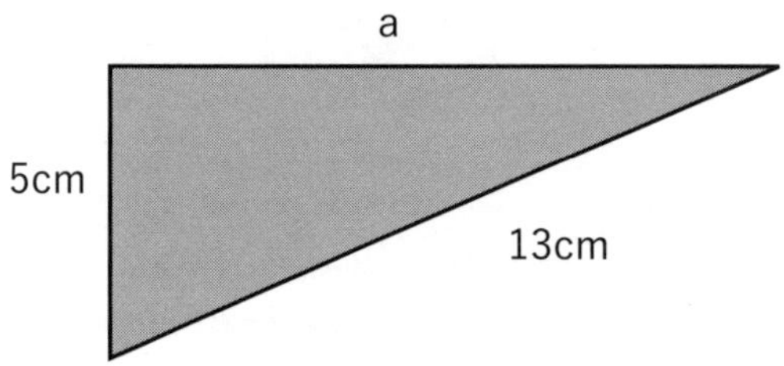

$$h^2 = a^2 + b^2$$
$$h^2 - b^2 = a^2$$
$$a = \sqrt{h^2 - b^2}$$
$$a = \sqrt{13^2 - 5^2}$$
$$a = \sqrt{169 - 25}$$
$$a = \sqrt{144}$$
$$a = 12\ \mathrm{cm}$$

この二つの例は両方とも，三角形の3辺の長さが整数でした。ピタゴラスの定理を満たす三つの整数の組は，ピタゴラス数と呼ばれています。7と24と25，それから8と15と17なども，その例です。

ピタゴラスの定理は，なぜそんなに重要なのでしょう？　それは，斜辺の長さを計算することが，解析幾何学（座標幾何学とも呼ばれます）において2点の距離を求めるときにとても役立つからなのです。

AからBへ

デカルトのxy座標（115ページ参照）は，位置や直線や図形を説明するのに役立ちます。たとえば，二つの点があり，点Aは（1，2）の位置，点Bは（5，5）の位置だとすると，次の図の通りです。

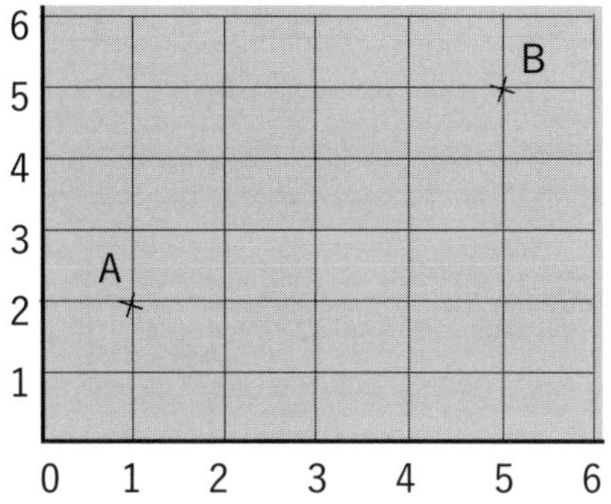

この2点の間の正確な距離はどのように見つけられるのでしょうか？直角三角形を作ることで求められます。

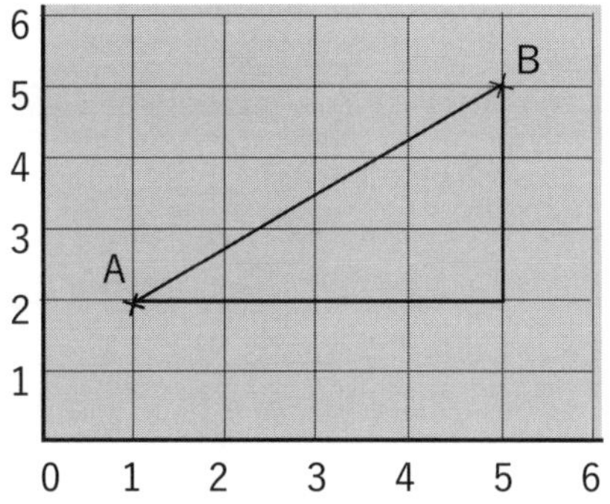

この三角形を見ると，底辺が4，高さが3であることがわかります。前ページの三角形と同じですから，ABの距離は5だとわかります。

ピタゴラスの定理は立体でも使うことができます。たとえば，縦x，横y，高さzの箱があり，その対角線の長さを求めたいとします。

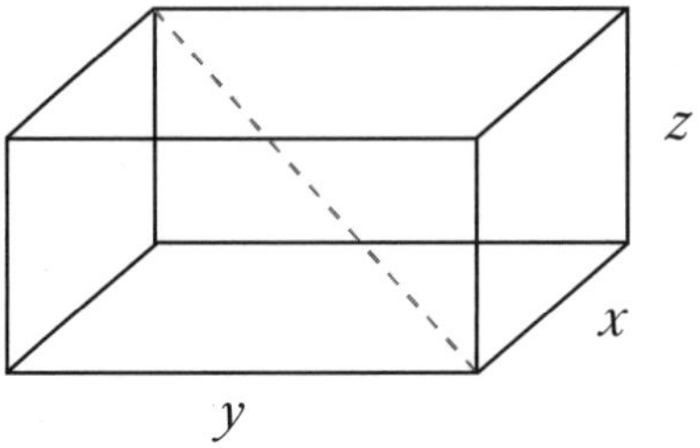

フェルマーの最終定理

ディオファントス（210頃~290頃）は，エジプトに住んでいた古代ギリシャの数学者です。何巻にも及ぶ著作『算術』で$x^n + y^n = z^n$という，ピタゴラスの定理に似た等式について記述しました。たとえば，n=2　のときは，x，y，zにピタゴラス数を当てはめれば等式が成り立ちます。ところが，n=3 になると，この等式を成り立たせる自然数が見つからなくなってしまうのです。それからずっと後，暇つぶしに数学をやっていたフランスの弁護士ピエール・ド・フェルマー（1607~1665）が，自分が読んでいた『算術』の本の余白に，nが3以上の整数の時，$x^n + y^n = z^n$ を満たす自然数の組（x，y，z）は存在しないという定理について，真に驚くべき証明を発見したと書き残しました。けれども，その証明は発見されることはなく，イギリスの数学者アンドリュー・ワイルズ（1953~）が最終的解決に到達するまでに，フェルマーの死後360年もかかったのでした。ワイルズはその過程で，証明の試みが最も失敗に終わった記録をギネスブックに掲載された，モジュラリティ定理の証明への道も開きました。

フェルマーがどのような証明法を見つけたのかは，誰にもわかりません。

ピタゴラスの定理を二度使って答えを出すことができます。まず，直角三角形を作ります。

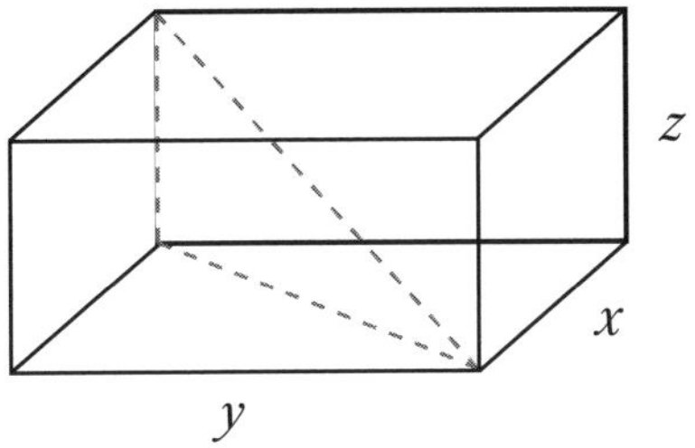

長さを知りたい対角線は，この三角形の斜辺です。この三角形の高さはzだとわかっていますが，底辺の方は知りません。けれども，この箱の底になっている長方形に注目すると，ピタゴラスの定理を使って長さを求める方法がわかるでしょう。

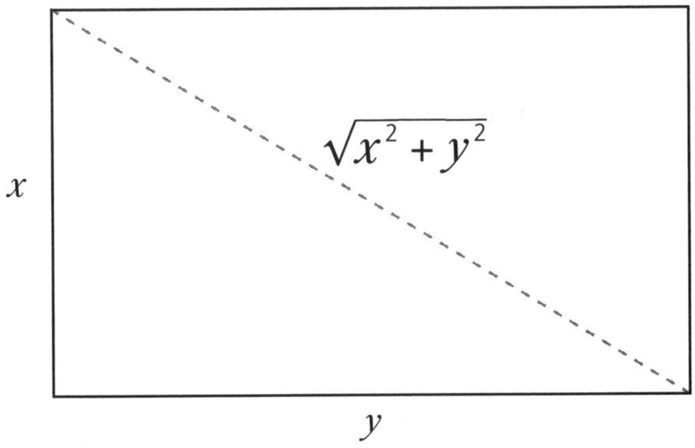

これで，三角形の底辺と高さがわかったので，対角線の長さを計算することができます。対角線の長さをdとすると，次のようになります。

$$d^2 = (\sqrt{x^2 + y^2})^2 + z^2$$

一見手ごわい式のようですが，2乗と平方根は逆同士なのだから，互いに打ち消してしまえばいいだけで，次のようになります。

$$d^2 = x^2 + y^2 + z^2$$

一般項を使いましたので，三次元においてもピタゴラスの定理の公式を導き出すことができました。多くの数学者や科学者は三次元以上について研究した結果，ピタゴラスの定理はどれだけ多次元になっても必要に応じて使うことができます。量子論の最新理論では，私たちが十一次元の宇宙で暮らしていると提唱していますが，この章では三次元までで終えることにしましょう。

ピタゴラス ― 人物と謎

ピタゴラスは傑出した数学者で哲学者だったかもしれませんが，ほとんど執筆活動を行いませんでした。そのため，ピタゴラスの人生については，死後に書かれた資料に頼ることになり，その多くに記されているのは，ピタゴラスに超能力があったというような謎めいた人物像です。

それよりも，より事実に基づいていると思われる情報を見てみましょう。ピタゴラスはギリシャ人で，ギリシャの植民都市であったクロトーン（現在の南イタリアのクロトーネ）に移住しました。そして，ピタゴラス教団と呼ばれる，数学，科学，宗教，政治を融合した哲学集団を創設しました。この集団は，（当時としては）急進的な考えをいくつも持っていました。たとえば，女性は男性と平等であるべきだとか，厳格な食生活は心身の健康を作るとか，数や形は神聖であるとか。また，出生地や生年月日や名前などから，ある人に結びつく数が，その人の人生を左右すると考える数秘術を信じていました。

ピタゴラス教団は，その厳格な暮らし方と政治的立場によって，しばしば人々に支持されず，秘密主義的にならざるを得ませんでした。ピタゴラスと弟子たちは，何度も放火等の迫害を受けて別の場所へ逃亡しました。

ピタゴラスの死も，生前の詳細と同じように謎に包まれています。ある歴史学者たちによると，ピタゴラスは寺院にいたところ，閉じこめられて焼き討ちにあったそうですが，別の歴史学者たちによると，そこから逃げ出し，のちに飢え死にしたとのことです。また，別の歴史学者たちによると，豆畑を横切って逃げることを拒否したために捕らえられて殺されたということです。

いずれにせよ，間違いなく真実であるのは，ピタゴラスとその教団が，西洋哲学の形成において大変大きい役割を果たしたということです。

第20章
体積

ある物の体積とは，その物が三次元でどれだけの空間を占めているか，または囲みこんでいるかということです。直線の辺に囲まれた立体は多面体と呼ばれます。直方体は，体積を求めるのには最も単純な多面体で，縦・横・高さを掛ければよいだけです。別の考え方をすると，直方体の断面積に横の長さを掛けると言えます。

角柱と球

この原理は，断面積が一定であるどのような形にも用いることができます。そうした形は角柱と呼ばれています。

角柱の体積 = 底の面積（断面積）× 長さ

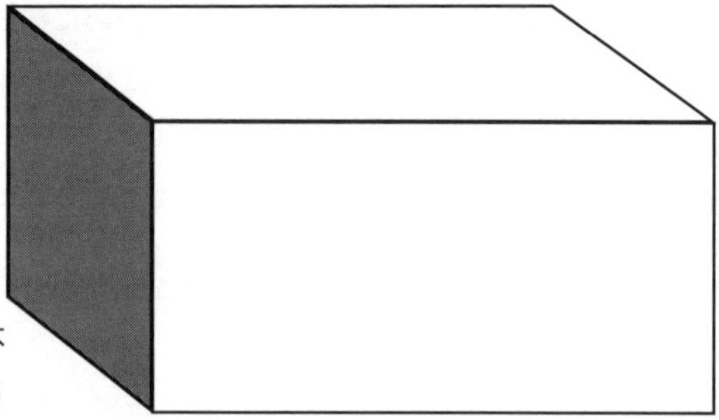

直方体
（底面が長方形の角柱）

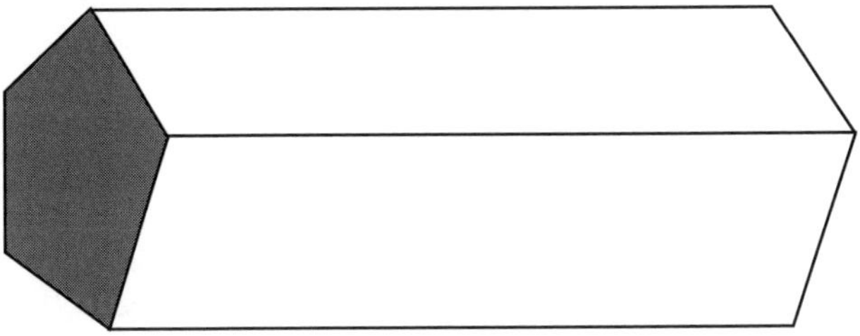

五角柱

どちらの角柱も，灰色の部分の面積を計算し，それに角柱の長さを掛けて体積を求めます。面積の求め方は前の章で学びましたから，角柱の体積はたいてい問題なしに計算できることでしょう。

曲面の物となると，アルキメデスの方法（155ページ参照）に戻らなくてはなりません。アルキメデスは，球の体積が，その球に外接する円柱の体積の$\frac{2}{3}$であることを突き止めました。

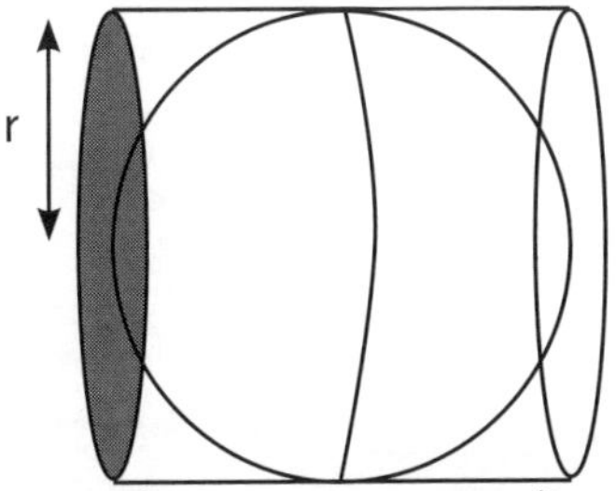

円柱を角柱のように考えてみましょう。灰色の円の面積はπr^2で，それに掛ける必要があるのは円柱の長さ，つまりこの場合は2rです。

$$\text{円柱の体積} = \pi r^2 \times 2r = 2\pi r^3$$

ですから，球の体積を求めるには，これに$\frac{2}{3}$を掛ければいいわけです。

$$\text{球の体積} = \frac{2}{3} \times 2\pi r^3 = \frac{4}{3} \times \pi r^3$$

角錐

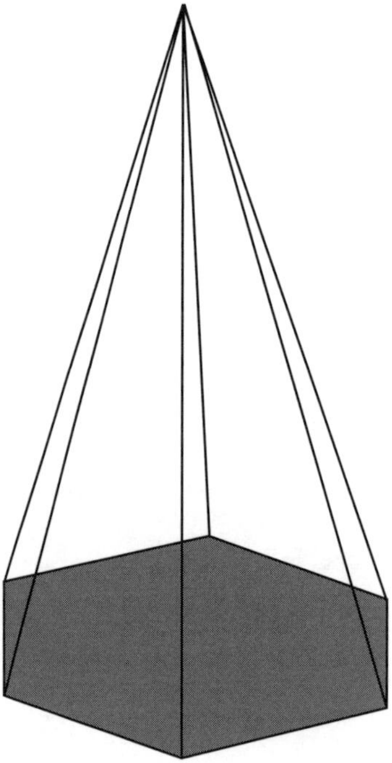

角錐は二次元の図形のすべての角を1点に集めてできています。たとえば，左は六角形のすべての角を1点に集めてできた，六角形が底面の角錐です。

正三角形を元にすると，正三角形が底面の角錐ができ，これは四面体とも呼ばれます。

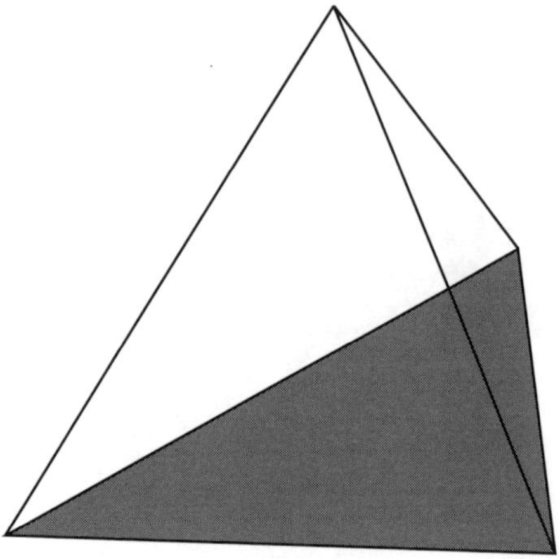

球と円柱がそうであるように，角錐の体積と，それに外接する角柱の体積にも似たような関係があります。

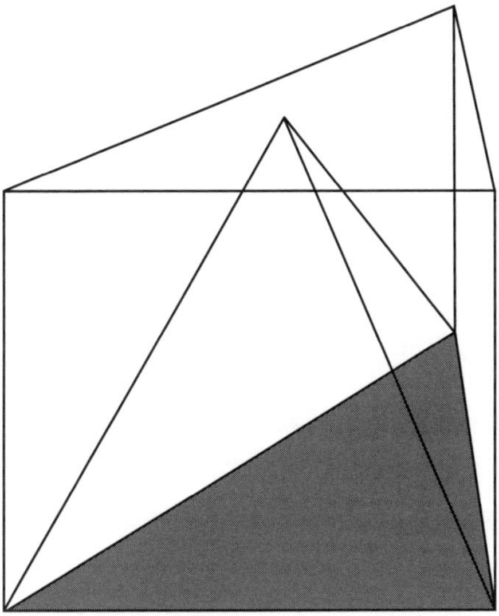

アーリヤバタ（22ページ参照）は，角錐の体積が角柱の体積の3分の1であることを発見した，もっとも初期の一人です。

$$\text{角錐の体積} = \frac{1}{3} \times \text{角柱の面の面積} \times \text{長さ}$$

ここでは，角柱の面が角錐の底面になり，長さは実際のところ高さになっていますので，書き直すと次のようになります。

$$\text{角錐の体積} = \frac{1}{3} \times \text{底面積} \times \text{高さ}$$

ギザのピラミッドは，底面が正方形で非常に大きく，大ピラミッドとして知られ，実に巨大です。正方形の底面はそれぞれの辺が230メートルで，最初に築かれたときは高さ147メートルでした。これに先ほどの公式を使ってみましょう。

$$
\begin{aligned}
\text{大ピラミッドの体積} &= \frac{1}{3} \times \text{底面積} \times \text{高さ} \\
&= \frac{1}{3} \times 230^2 \times 147 \\
&= 2{,}592{,}100\ \mathrm{m}^3
\end{aligned}
$$

参考までに，アラブ首長国連邦のドバイにある，世界で一番高い超高層ビルの「ブルジュ・ハリファ」は，体積がおよそ$1{,}600{,}000\mathrm{m}^3$です。大ピラミッドはブルジュ・ハリファより4,500年古く，機械を使わずに築かれたことを考えると，間違いなく驚くべき大きさです。

エウレカ

もっといびつな物となると，さまざまな方法があります。体積の求め方がわかっている形を組み合わせておよその体積を求めるか，アルキメデスの原理を使うことができます。言い伝えによると，シラクサ王のヒエロン2世はアルキメデスに，王冠が金のみで作られているかどうか確かめるように命じたそうです。宝石商が王冠の質量をそのままにして，金でなく鉛や銀を混ぜて費用をごまかしているのではと疑ったのでした。

最も簡単な方法は，冠を溶かして，その体積と，王が渡した量の金の体積とを比べることでしょう。しかしながら，この冠を損傷するいかなる方法もアルキメデスには許されませんでした。

この問題を解決しようとさんざん悩んでいたときに，アルキメデスは風呂に入りました。そして，体を沈めたことで湯が浴槽からあふれたことに気がついたのです。つまり，水に冠を沈め，あふれた水を測ることで冠の体積を求められます。アルキメデスは大喜びで,「エウレカ!」(ギリシャ語で「見つけた!」という意味)と叫びながら通りを走り，興奮のあまり，服を着ることも忘れていました。

翌日アルキメデスは実験を行い，宝石商の不正を明らかにしたのでした。

第 5 部
統計

第21章

代表値

統計学者とは，データを集めて分析し，それをまとめた統計を作り，その統計が示すことに基づいて結論を出す数学者です。私たちの暮らしはありとあらゆる面で統計に頼っています。たとえば服のサイズ，自動車保険の費用，病気の時に処方される薬など。

統計を計算したり分析したりするときはいつも，そのデータが母集団に基づいているのか標本に基づいているのかを知ることが大切です。

母集団というのは，特定のグループのすべてです。たとえば，私がキョクアジサシの成鳥の翼幅に興味があるとすると，その母集団とはキョクアジサシのすべての成鳥を指します。キョクアジサシの成鳥全部の翼幅を測れば，この母集団の本当の統計を計算することができるでしょう。

けれども，実際は，一羽残らずすべてのキョクアジサシの成鳥を測ることは不可能ですので，その代わりに標本を抽出して，標本の統計が母集団の統計と同じであることを望むわけです。偏りを避けるためには，どのように標本を抽出するかが重要です。たとえば，ある一つの島で捕まえたキョクアジサシからのみ標本を抽出すると，標本となったキョクアジサシ全部に何らかの血縁関係がある可能性もあり，それが翼幅の状態にかかわっているかもしれません。他の島々には，翼がずっと長かったり短かったりする別のグループがいるかもしれないのです。

標本の抽出には，どれだけの時間や工数や費用を使えるかによって，さまざまな方法があります。けれども，日々私たちが目にする統計と共に，その標本の抽出方法が知らされることはめったにありません。お粗末な抽出方法を故意に使えば偏った統計を作りあげることもできます。それゆえ，イギリスの首相を務めたベンジャミン・ディズレーリ（1804~1881）が言ったとされる「世の中には3種類の嘘がある。嘘，大嘘，そして統計だ」という有名な言葉が存在するわけです。

一般的にとてもよく使われる統計は代表値というものです。代表値は，通常その数値データがある値を中心として集まっているという考え方に基づいて使われ，統計学者はこれを中心傾向と呼んでいます。たとえば，イギリス人の女性はたいてい身長が164cm前後でしょう。これが平均身長だからです。

平均値というのは，データをすべて足して，それをデータ数で割って得られる代表値ですので，事実上，全標本の間でデータを等しく分け合っているということになります。たとえば，私の5人制サッカーチームのメンバーの身長の平均値を知りたいとします。それにはまず，皆の身長をcm単位で測ります。

167，168，175，184，191

この合計を計算します。

$$167 + 168 + 175 + 184 + 191 = 885$$

これをデータ数（5）で割ります。

$$885 \div 5 = 177 \text{ cm}$$

ここで留意すべきは，このチームには誰一人身長177 cmの人がいないということです。これは，平均値が実際に使うのに適切な値ではない可能性がある理由の一つです。一時期，イギリスの世帯当たりの子供の平均人数は2.4人でした。子供は整数人数でしかありえませんので，これはずいぶん笑いの種にされました。実は，数値データは2種類に分けることができるのです。「連続データ」は指定された範囲内のどんな値もとり得るデータで，たとえば身長や体重がこれにあたります。一方，「離散データ」はその範囲の特定の値のみをとり得るデータで，たとえば子供の人数や靴のサイズがこれにあたります。

中央値は，データを小さい順に並べたとき中央に来るデータです。身長や体重（その他の値何でも）の順に標本を並べ，真ん中のものを選ぶのと同じです。私のサッカーチームだと，中央値は175cmです（179ページ参照）。補欠選手を入れて，データの数を6にした場合は，3番目のデータと4番目のデータの平均が中央値になります。

データが数値でないのなら，最頻値を使うことができます。これは中心傾向による測り方ではなく，単にもっとも一般的で頻度の多いデータのことです。

代表値自体とても意味があるものになりえますが，私たちはたいてい，そのデータがどのように散らばっていたのかも知りたいものです。データすべてが代表値に近いのか，代表値は，二つのかけ離れたデータの集まりの真ん中にあるだけなのか。次の章で，その分析方法を見てみましょう。

誤解：平均以下

2012 年，イギリスの主席学校監査官は，小学生の五人に一人の英語の学力が全国平均に届いていないので，水準の改善が必要だと発表しました。

アメリカ大統領であったドワイト・アイゼンハワー（1890~1969）も同じようなことを言いました。アメリカの国民の半分の知能指数が平均以下であることに驚きを表明したのです。

平均について正しく理解していたなら，この二人も発言の水準改善をすることができたことでしょう。

第22章

散らばり具合

私は数学の試験の採点をするとき，いつも平均点を計算します。そのクラスの生徒たちが平均するとどのくらいよくできたのかわかりますし，生徒たちはたいてい，平均と比べて自分がどのくらいできたのか知りたがります。平均点が75点だとすると，ほとんどの生徒が75点のちょっと下かちょっと上，つまり75点近くに集中しているのかもしれません。その場合，私の生徒たちは同じくらいの学力があり，同じくらいに私の授業を理解したということになります。あるいは，それよりも点数がばらばらに散らばっていたのかもしれません。とても低い点だった生徒が何人かいて，とても高い点だった生徒たちのおかげで釣り合いが取れて，先の場合と同じ平均点になったのかもしれません。校長に報告するとき，すべての点数を見てもらわずに状況を把握させるには，どうしたらよいのでしょうか？

その答えは，散らばり具合を示すことです。単純なものから複雑なものまで，いくつかの方法があります。

範囲（レンジ）

最も単純なのは，最高点から最低点を引いて範囲（レンジ）を示すことです。平均点が75点のとき，生徒の点数の範囲が20であったとすると，それは試験の点数がだいたい最高85点ぐらいで最低が65点ぐらいであったという意味になります。範囲の値が大きければ大きいほど，データがより散らばっていることになります。

範囲にはデータの最大値と最小値のみが使われるため，実際に起きたことに関して誤解を生むこともあります。1人の生徒が20点を取り，残り全員の点は平均点との差が10点以内だったとすると，範囲が大きくなるため，このデータを表すのは適切ではありません。この場合，20点は外れ値と考えるべきでしょう（187ページを参照）。

四分位範囲

このような問題を避けるためには，四分位範囲を使うことができます。これはデータの中央の50%の散らばりを教えてくれるものです。そのためには，四分位数を求める必要があります。中央値となるのは真ん中のデータで，データをすべて並べたときに50%のところに位置し，試験の得点を順に並べて真ん中にくる値です。このデータの下から半分だけの中央値を見つけると，このデータ全体の25%のところになります。これは第1四分位数と呼ばれます。上から半分のデータについても同じようにすると，第3四分位数が導かれ，それはデータ全体の75%のところのデータです。そして，第3四分位数から第1四分位数を引いたものが，四分位範囲となります。

次の箱ひげ図は，数学の試験を受けた二つの6年生グループの成績を表しています。

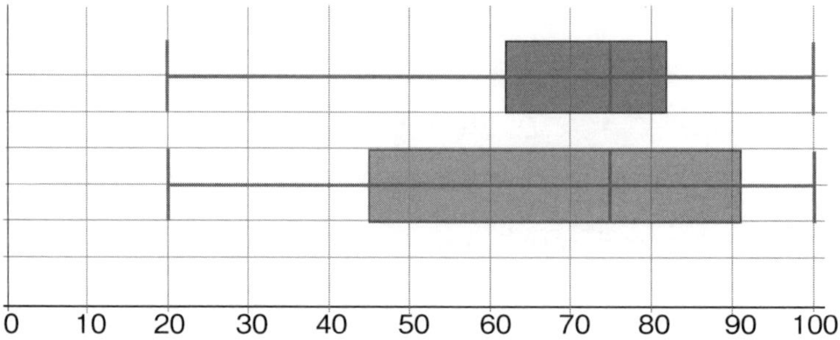

それぞれの箱ひげ図には5本の縦線があります。それぞれの端にあるのは最大値と最小値で，ひげのように見えます。真ん中の3本は，第1四分位数，中央数，第3四分位数で，箱状になっています。

箱状の部分は得点データの中央50%の値を教えてくれ，ひげの方はそれ以外の分布を示しています。この二つの図から，両グループの得点範囲が 100 − 20 = 80点であったことがわかります。上の箱ひげ図のグループは，82 −62 = 20点が四分位範囲ですから，半分の生徒の得点差が20点以内であることになります。

下の箱ひげ図が示すグループの生徒たちは，上のグループと同じ得点範囲（ひげが示すように）で同じ中央値でしたが，箱状の部分が示しているように，四分位範囲は上のグループよりずっと広くなっています（91 − 45 = 46点）。これにより，平均点が同じでも，この二番目のグループは最初のグループより成績にばらつきがあることがわかります。

標準偏差

標準偏差は,データが平均値からどれだけ離れているかを示す値です。平均値からの平均距離（これは平均偏差と呼ばれます）ではありませんが，なかなか役に立つ特徴を持っています。

標準偏差を計算するには，まず各データから平均値を引き，偏差を求めます。データが平均値より小さければ負の数になりますが，ここでは平均値からの距離を知りたいだけなので，正負は関係ありません。しかし，わかりやすくするために，すべての偏差を2乗してしまいます。負の数は2乗すると正の数になるからです（67ページ参照）。

2乗した偏差を合計し，データ数で割ります。つまり，偏差の2乗の平均を求めます。これは分散と呼ばれ，データの散らばり具合を表す指標になります。そして，この分散の正の平方根を求めると，標準偏差になります。それでは，標準偏差の例をあげておきましょう。

代数試験の点数　　平均点 = 57.45

生徒数 = 11

点数	点数 – 平均点	（点数 – 平均点）の2乗
74	16.55	273.9025
44	-13.45	180.9025
45	-12.45	155.0025
42	-15.45	238.7025
45	-12.45	155.0025
76	18.55	344.1025
79	21.55	464.4025
40	-17.45	304.5025
38	-19.45	378.3025
83	25.55	652.8025
66	8.55	73.1025

合計：3220.7275

標準偏差 =

$$\sqrt{\frac{3220.7275}{11}}$$

= 17.11
（小数第3位四捨五入）

この値は，私の生徒たちの点数がかなり散らばっていて，あまり一定でないことを意味しています。別のグループなら，同じ平均値と範囲でも，もっと標準偏差が小さいかもしれません。その場合は，生徒たちの点数がもっと平均点に近いという意味です。

外れ値

外れ値とは，値が極端に大きかったり小さかったりして，他のデータから大きく外れたデータのことです。外れ値には，いくつかの作為的な定義があり，次の場合にそのデータは外れ値とみなされます。

平均値より，標準偏差の 2 倍以上の差で大きい
平均値より，標準偏差の 2 倍以上の差で小さい
第3四分位数より，四分位範囲の1.5倍以上の差で大きい
第1四分位数より，四分位範囲の1.5倍以上の差で小さい

たとえば，2001年のオーストリア人女性の平均身長は167.6 cmで，標準偏差は5.6 cmでした。この場合，大きい値の方の外れ値との分かれ目は，167.6 +（2 × 5.6）= 178.8 cm ですから，これより高い身長のオーストリア女性は皆，極端に背が高いといえます。小さい値の方の外れ値との分かれ目は，167.6 −（2 × 5.6）= 156.4 cmで，これより低い身長のオーストリア女性は極端に背が低いということになります。

科学者は観察や実験からデータを集めるときに，外れ値に十分気をつけなくてはなりません。その外れ値は，純粋にデータとして含むべきものなのか，それとも削除すべき誤りなのか？　科学者はよく実験を何度も繰り返して，データの統計における外れ値の影響を減らそうとします。

1970年代，NASAの人工衛星が高層大気のオゾン量の定期計測を行ったとき，南極大陸上空でしばしば非常に低い数値となり，分析ソフトウェアはそれを外れ値として削除しました。それから約十年後，南極大陸で研究していた科学者たちがようやくオゾン層の穴を発見したのでした。オゾン層は，太陽が発する有害な紫外線放射が地球上に届くのを遮っている，地球の生命にとってかけがえのないものです。ありがたいことに，オゾン層を破壊するフロンは禁止され，オゾン層は修復されつつありますが，穴が完全に塞がるまでにはまだ数十年かかることでしょう。

外れ値は本当のデータであるかもしれないし，誤りかもしれません。いずれにせよ，注意深く調査する必要があるのです。

第23章

正規分布

データを集めると，その結果を示すグラフが釣り鐘状の曲線を描くことがよく起こります。たとえば，我が家のリンゴの木から収穫したリンゴの質量を測ると，このような結果を得るかもしれません。

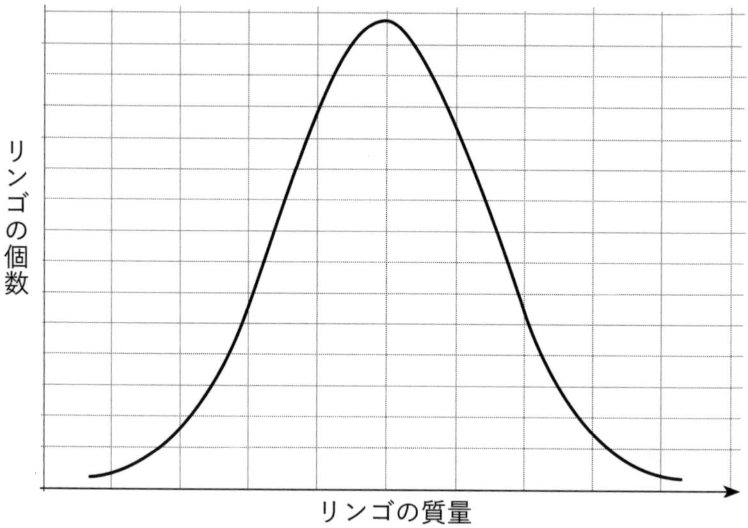

予想した通り，ほとんどのリンゴの質量は中心の値に近く，平均値から離れるほど，私たちが見つけるリンゴの個数は少なくなります。

前ページのグラフのように，データの分布が平均値を頂点とした左右対称の釣りがね状の曲線で表示されるものを，正規分布(あるいはガウス分布)と呼びます。この曲線を見かけることは非常に多いので，そのために正規分布と名付けられたのだと思いがちですが，本当の理由は，統計学者がデータについての統計を算出するにあたり，正規化，つまり「平均0，標準偏差1」にしたものを使うからです。正規分布の曲線は，全体の何パーセントがある値より大きいかを教えてくれます。標準偏差がばらつきの一般的な指標であるのはこのためです。

正規分布では，約68%のデータが平均値の標準偏差1以内にあり，約95%が2以内，約99.7%が3以内にあります。2013年に大型ハドロン衝突型加速器に従事する科学者たちがヒッグス粒子発見を発表したとき,「5σ(シグマ)」という言葉が使われました。σ(シグマ)はギリシャ文字で，標準偏差を表すために使います。5σは，このデータの結果が偶然にすぎず，新しい粒子が存在しないという可能性が，平均値からの標準偏差5であり，約0.0000003の確率になるということです。

正規分布はさまざまな方法で役立ちます。人体を計測する科学である人体測定学では，服や家具のデザイン，電車や飛行機，建築の技術に至るまで，この科学のデータを使えば必要なサイズをいろいろ決められます。人体の計測データは正規分布に従うので，人口の何パーセントがMサイズのTシャツにぴったりなのか，1メートル四方の扉を通れるのかなどを算出することができるのです。

IQ — 数学者のランキングは？

IQ，つまり知能指数は，何かと議論の的となる知能の指標です。正確に測るのはとても難しく，当然ネット上の10分テストなどで測れるものではありません。知能指数は正規分布していて，平均は100（平均知能指数）で標準偏差15です。高知能指数者の団体「メンサ」に入会できるのは，上位2％の知能指数を持つ人のみで，これは知能指数135にあたります。

1926年，アメリカの心理学者キャサリン・コックス・マイルズ（1890~1984）は，大変おもしろい研究結果を出版しました。歴史的天才とされるさまざまな偉人の知能指数の推定もその中に含まれていました。

このランキングのトップは，ドイツの博学者ヨハン・ヴォルフガング・フォン・ゲーテ（1749~1832）。哲学・政治・科学・文学に膨大な貢献を果たした人物で，推定知能指数は188。2位はライプニッツ（124ページ参照）で，推定知能指数183。そして，有名な数学者では，フランス人ピエール＝シモン・ラプラス（1749~1827）とアイザック・ニュートン（84ページ参照）が共に168です。

現代では，フィールズ賞受賞者であるオーストラリアの数学者テレンス・タオ（1975~）が知能指数200以上だと噂されています。

ここで紹介した人たちの知能指数を見て，あなたがやや自信を喪失されているのでしたら，人間の知能指数は時代と共に上がっていくようだということがなぐさめになるかもしれません。

第24章

相関

統計は，データをまとめるとともに，データ間の関係を考察する目的にも使えます。母集団なり標本なりの各々から二つのタイプのデータを集めたとすると，その二つを相対する散布図に表すことができます。たとえば，ジムの人たちの身長と体重の散布図がこれです。

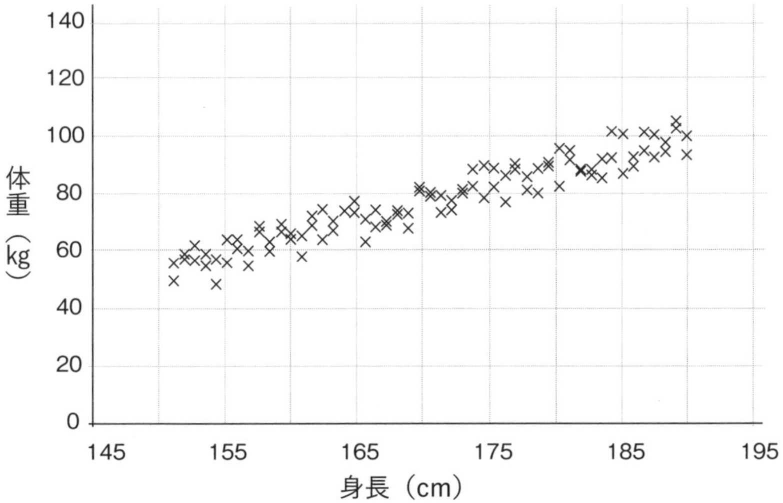

身長が高いほど体重が重いという一般的な傾向がわかります。ここからわかるのは，人々の異なる体格や体形で不揃いはありますが，背の低い人より背の高い人の方が体重が多いということです。統計学者は，こ

れを強い正の相関と呼びます。グラフ上の点が直線に近いので強いということになり，二つの変数は一緒に増加するので正ということになります。

次は，弱い負の相関の例です。

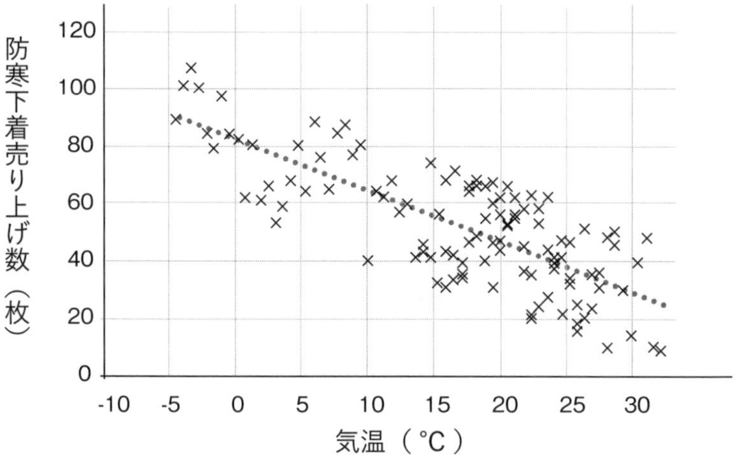

気温が上がるにつれて防寒下着の売り上げ枚数が減少していくので，これは負の相関です。そして，そういう傾向を示してはいますが，弱い相関で，散らばっている点はあまり直線に近くありません。中央の直線は回帰直線と呼ばれ，多くの点にできるだけ近づけた直線です。

イギリスの遺伝学者・統計学者・優生学者のフランシス・ゴルトン（1822~1911）は，標準偏差を考案しただけでなく，相関について注目し，それを測ろうとした初期人物の一人でした。ゴルトンは物を計測してデータを集めることに並々ならぬ興味を持ち，特に人体計測学に関心を寄せました。熱心な優生学者でもあったためで，人類の健康状態と知能を改善し，障害やその他の「望ましくない」特徴を根絶するために，選択的に子供を産むべきだと信じていました。ゴルトンの研究は，同じくイギリスの統計学者カール・ピアソン（1857~1936）が引き継いで，相関を測る数学的方法（「ピアソンの積率相関係数」と呼ばれる）と，完全な回帰直線を描く数学的方法を考え出しました。ピアソンの積率相関係数は，完全な負の相関を意味する－1から，相関がまったくないという意味の0，そして完全な正の相関を意味する1まであります。

ピアソン係数は，直線の関係を成す散布図でしか，うまく使うことができません。イギリスの心理学者チャールズ・スピアマン（1863~1945）は，この問題を避けるために，生データではなく，データに順位付けをしてそのデータの順位値を使い，相関があるかどうか調べました（スピアマンの順位相関係数）。次のグラフは，明らかに関係があるものの，直線ではないデータの散布図です。順位付けを行い，順位を使ってグラフを描くと，下のグラフのように直線に近い関係を得ることができます。

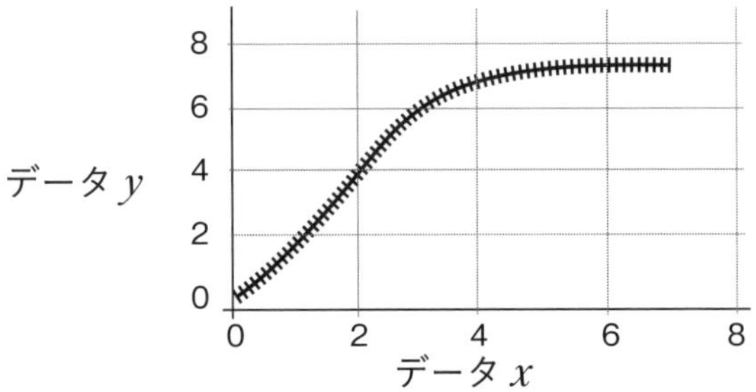

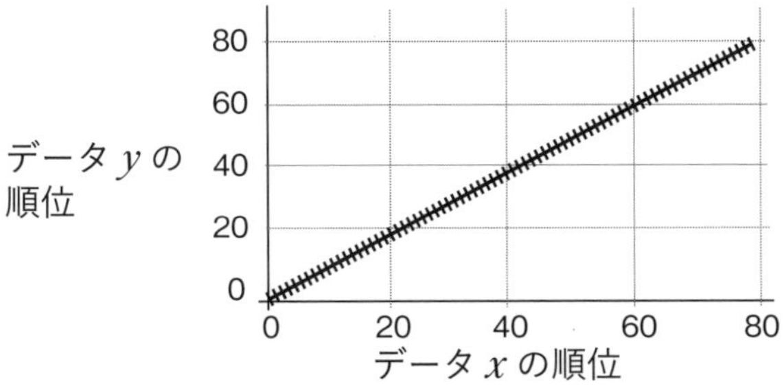

相関関係は因果関係ではない

単に物事が相関しているからといって，その一つがもう一つの事の原因になるわけではありません。背の高い人は体重も多いでしょうが，いくらあなたが体重を増やしたところで背が高くなるわけではありません。アイスクリームの売れ行きと，人がおぼれる事故の件数は相関関係がありますが，アイスクリームが人をおぼれさせるのではありません。暑い天気になると，より多くの人がアイスクリームを食べたくなるし，泳ぎに行きたくもなって，悲しいことにおぼれる事故が増えてしまうのです。

アメリカ人のタイラー・ビゲンによる見事なウェブサイト（tylervigen.com）には，ビゲンが偽の相関関係と呼ぶありとあらゆるものがあげられています。私のお気に入りの一つはこれです。

数学博士号取得者数と
アメリカの原子力発電所ウラン貯蔵量の相関関係

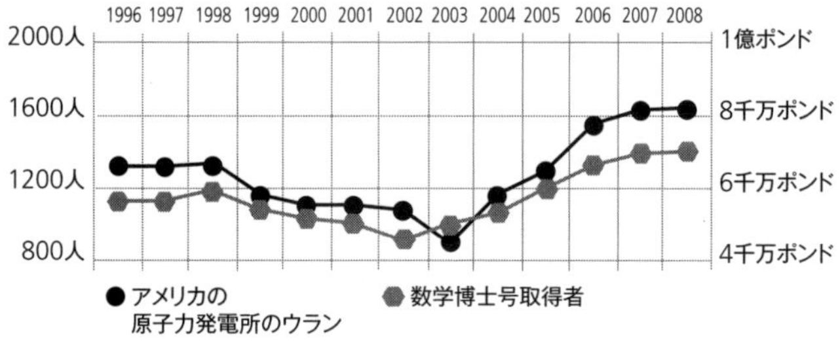

相関関係が明らかなように見えるよい例ですが，もちろん，アメリカの原子力発電所にウランを運び込むと数学博士号取得者が生まれる，というわけではありません。

第6部
確率

第25章

可能性

私たちは，ある事に関して，わかっていようがいまいが，可能性がどの程度あるか，たびたび考えます。大体どんな行動でも，いくらかのリスクは伴うものですが，リスクというのは，可能性の否定的な言い方にすぎません。可能性を試すゲームは驚くほど人気があります。イギリス人の55パーセントは賭け事を行います。馬券売り場で賭けたり，宝くじを買ったり，オンラインポーカーをしたり，スロットマシンをプレイしたり。

確率

数学者は，何かが起きる結果について考えます。たとえば，普通のサイコロでは六つの結果が得られます。もし二つのサイコロを振って，両方の目を足すとすると，11の結果が得られます(2から12)。

それぞれの結果には，それが得られる特定の確率があります。確率は0(不可能)と1(確実に起きる)の間の数で表します。つまり，確率は分数や小数やパーセント(74ページ参照)で示せるという意味になります。確率が半分以上の場合，そうなりそうだ，起こりそうだと言います。半分以下だと，そうなりそうでない，起こりそうでない，と言います。ぴったり半々だと，五分五分で可能性が等しいことになります。

あなたが可能性を求めたい結果（もしくは結果の集まり）は，事象と呼ばれます。たとえば，サイコロを振って6が出たとすると，それが事象です。二つ以上の事象は，同時に起きることがありえない場合，互いに排反で，同時に起きることがありえるのなら，排反でないとされます。たとえば，トランプの束から無作為に1枚選んだら，ダイヤとハート両方のカードであることはありえません。この二つの事象は互いに排反です。しかしながら，ダイヤとキングを同時に選ぶことはできます。ダイヤのキングというカードがあるのですから，この二つは互いに排反していません。

確率を考えるときには，たいてい，ある前提の上で考えます。たとえば，サイコロをころがすことは公正で偏りがない，つまりそれぞれの結果は等しい可能性で起きていると，たいてい思っています。また，一連の事象が独立しているとも思っています。つまり，サイコロを振って6が出たことは，次にサイコロを振ったときに出る結果の可能性を変えないと思っています。

以下は確率を求める公式です。

$$\text{P（ある事象）} = \frac{\text{成功した結果の数}}{\text{すべての結果の数}}$$

P(　)というのは，probability of（～の確率）を短く表したものです。正常なサイコロを振って平方数が出る確率を見つけることにします。六つの可能な結果（1，2，3，4，5，6）があり，成功した結果として，二つの平方数（1と4）があります。これは次のように書くことができます。

$$\text{P（サイコロを振って平方数が出る）} = \frac{2}{6} = \frac{1}{3}$$

最後に約分して単純な分数にしました。これで，サイコロを振って平方数が出る確率がわかりましたので，平方数が出ない確率は，二つの確率を足すと1になるという公理から求めることができます。

$$P(\text{サイコロを振って平方数が出ない}) = 1 - P(\text{サイコロを振って平方数が出る})$$
$$= 1 - \frac{1}{3}$$
$$= \frac{2}{3}$$

1650年代，数学者ピエール・ド・フェルマー（166ページ参照）とブレーズ・パスカル（85ページ参照）は，数学的見方で可能性を考え始めました。フェルマーはプロのギャンブラーから，次のどちらの方が勝つ見込みがより高いのか聞かれました。

・サイコロ1個を4回振り，6が最低1回出る。
・サイコロ2個を24回振り，両方同時に6が最低1回出る。

ぱっと聞いただけだと，後者の方が見込みがあるように感じてしまいます。前者よりもサイコロを振る回数がずっと多いからです。この二つについて順番に考えてみましょう。

サイコロ1個を4回振り，6が最低1回

何度も試み（試行と呼ばれます）を繰り返すと，それぞれの試行で得られる結果の数は掛け算で増えていきます。コインを投げると二つの結果があり，2回投げると，表表，表裏，裏表，裏裏と，四つの結果が得られます。3回投げると，$2 \times 2 \times 2 = 8$ の結果を得ることができます。同じように考えると，1個のサイコロを4回振ると，$6 \times 6 \times 6 \times 6 = 1296$の可能性があるということになります。けれども，そのうちいくつ

が成功なのでしょう？　6が出るのが1回でも2回でも3回でも4回でも成功ですから，実に多くの組み合わせについて求めなくてはなりません。

ここでとても役立つことがあります。この場合，「最低1回」というのは「0回ではない」というのと同じ意味なのです。先程，あることが起きない確率は，1からそのあることが起きる確率を引いたものだということに触れました。ですから，次のようになります。

$$
\begin{aligned}
P(\text{サイコロ1個を4回振り, 6が最低1回}) &= P(\text{サイコロ1個を4回振り, 6が0回にならない}) \\
&= 1 - P(\text{サイコロ1個を4回振り, 6が0回})
\end{aligned}
$$

サイコロを振って6が出ない場合は5通りあります。ですから，4回振ってまったく6が出ない場合は，5 × 5 × 5 × 5 ＝ 625通りの成功があるに違いありません。

$$
\begin{aligned}
1 - P(\text{サイコロ1個を4回振り, 6が0回}) &= 1 - \frac{625}{1296} \\
&= \frac{671}{1296}
\end{aligned}
$$

よって，サイコロ1個を4回振り，6が最低1回出る確率は約51.8%ということになります。

サイコロ2個を24回振り，両方同時に6が最低1回

2個のサイコロを振って出た数を足すことは，多くのゲームで使われる方法です。ある合計が出る場合の確率は，ぱっと思い浮かばないでしょうから，すべての結果の表を作ってみると役立ちます。

+	1	2	3	4	5	6
1	2	3	4	5	6	7
2	3	4	5	6	7	8
3	4	5	6	7	8	9
4	5	6	7	8	9	10
5	6	7	8	9	10	11
6	7	8	9	10	11	12

この表は，総当たり表として知られています。この表から，等しい期待ができる結果が36あるとわかります。7が一番起きそうな結果で，最も組み合わせが多い和です。2個両方とも6，つまり合計12というのは，一つしかありませんので，これが起きる確率は36分の1です。

先程の例と同じく，「最低1回」は「0回ではない」という意味ですので，24回振って両方6に1回もならない確率を考えていくことができます。2個両方とも6になる可能性が$\frac{1}{36}$ならば，2個両方とも6になることが起きない可能性は$\frac{35}{36}$に違いありません。$\frac{1}{36}+\frac{35}{36}=1$ なのですから。

P（サイコロ2個を24回振り，
両方同時に6が最低1回）= 1 − P（サイコロ2個を24回振り，
両方同時に6が0回）
$= 1 - (\frac{35}{36})^{24}$
= 0.491（小数第4位を四捨五入）

サイコロ2個を24回振り，両方同時に6が最低1回出る確率は約49.1％ということになります。ギャンブラーは前者に賭けた方がよいでしょうが，たいした差はありません。直感に反したこの結果は，サイコロの賭けで成功するのが難しいことを教えてくれます。

なんたる偶然

「誕生日問題」を最初に言い出したのは，オーストリア人の工学者リヒャルト・フォン・ミーゼス（1883~1953）でした。確率の問題というのは，直感に反する結果をよく生むもので，これも例外ではありません。もしあなたがカフェに行ったとして，そこに同じ誕生日の人が二人いるということは，何百人もカフェにいない限り，起きないように思えます。1年は365日もあるのですから。しかし，可能性のある異なる二人組をたくさんあげていくと，同じ誕生日の二人がいる可能性は，カフェに23人いると50％にもなるのです。70人いれば，99.9％という高い可能性になります。

第26章

組み合わせと順列

私が教えるクラスには24人の等しく優秀な数学の生徒たちがいます。私はその中から数学選手権に出場する4人を選ばなくてはなりません。選ぶのがとても難しいので，無作為に選ぶことにしました。一体，いくつのチーム編成が可能でしょう？

生徒を選ぶ順番に意味があるかどうかでこれは変わってきます。たとえば，最初に選ばれた生徒がキャプテンを務め，二番目の生徒は計算機を使い，三番目の生徒は記録を取り，四番目はお茶を入れるとなると，順番は重要になります。

くじ引きで選ぶと，最初のチームメンバーは24通りが可能で，二番目は23通りと，次のようになります。

$$24 \times 23 \times 22 \times 21 = 255024$$

私のチーム構成は255,024通りの順列が可能ということです。これは次のことと同じです。

$$24 \times 23 \times 22 \times 21 = \frac{24\times23\times22\times21\times20\times19\times18\times17\times16\times15\times14\times13\times12\times11\times10\times9\times8\times7\times6\times5\times4\times3\times2\times1}{20\times19\times18\times17\times16\times15\times14\times13\times12\times11\times10\times9\times8\times7\times6\times5\times4\times3\times2\times1}$$

なぜこのように書いたのでしょうか？　それは，階乗記号（132ページ参照）を使って短くすると，コンピューターに入れやすい形になるからです。

$$24 \times 23 \times 22 \times 21 = \frac{24!}{20!}$$

これは，総数n個の中からk個選ぶときの公式です。

$$\text{順列数} = \frac{n!}{(n-k)!}$$

ですから，もしチームに6人選ぶとすると，$k = 6$ で $n = 24$ となります。

$$\text{チーム構成のパターン数} = \frac{24!}{(24-6)!} = \frac{24!}{18!} = 96909120$$

くじ引きで4人の生徒を選ぶと，多くの場合に同じ生徒が，違う順番で含まれることが起きます。もし順番が関係なければ，これはもちろん同じチームということになります。エイミー，ビリー，カラ，ダンがこの順番で選ばれたチームは，ダン，カラ，ビリー，エイミーの順番で選ばれたチームと同じです。4人を並べるには，$4 \times 3 \times 2 \times 1 = 4!$ 通りの方法がありますので，順列数をこの数で割れば，可能な組み合わせが何通りあるのか求めることができます。

$$\text{組み合わせ数} = \frac{24!}{20!4!} = 10626$$

そしてまた，一般化して，総数n個の中からk個選ぶときに順番が関係ないと，次の公式になります。

$$\text{組み合わせ数} = \frac{n!}{(n-k)!k!}$$

ですから，もしチームに6人選ぶとして，順番が関係なければ，次のようになります。

$$\text{チーム構成のパターン数} = \frac{24!}{(24-6)!6!} = \frac{24!}{18!6!} = 134596$$

ここまで理解された皆さんなら，「組み合わせ錠」というカギの名前が間違って名付けられたものだとわかることでしょう。数字の順番が大事な錠なのですから，正確には「順列錠」と呼ばれるべきなのです。

順列と組み合わせは，確率の問題を解くのに役立ちます。イギリスの国営宝くじを買うと，1から49の中で六つの数字を選ばなくてはなりません。1等を勝ち取るには，でたらめに選んだ六つの数がすべて当たっていなければいけないのです。この宝くじでは順番が関係ありませんので，組み合わせの公式を使えます。

$$\text{6個の数字の組み合わせパターン数} = \frac{49!}{(49-6)!6!}$$

$$= \frac{49!}{43!6!}$$

$$= 13983816$$

つまり，1,400万弱のパターン数があるということで，1等を勝ち取る可能性は約1,400万分の1になります。大きくありませんね。

第27章

相対度数

先程の例で，可能な結果の数を求め，理論のみを使って確率を計算することができました。しかしながら，多くの場合，これは可能とは限りません。たとえば，今日私がコーヒーを飲む確率はどのくらいかと聞かれたら，私にはだいたいの確率なら推定できるかもとしか答えられません。まず何らかのデータを集めることなしには，数学的に導き出すことはできないのです。

1週間，私がコーヒーを飲む記録を取り，それを使えば確率を計算することができます。最初の1週間，7日のうち5日コーヒーを飲んだとします。そうすると，この証拠に基づいて，私がある日コーヒーを飲む確率は $\frac{5}{7}$ だと言うことができます。数学者はこれを，理論的に導いたのではない確率として，「相対度数」と呼びます。その日コーヒーを飲むのは独立した出来事で，前日にコーヒーを飲んだかどうかは次の日にコーヒーを飲むかどうかに関係ないとみなします。

次の週，私はコーヒーを毎日飲みました。すると，私の相対度数は次のようになります。

$$\text{相対度数} = \frac{5+7}{7+7} = \frac{12}{14} = \frac{6}{7}$$

一般的には，より日数をかけた方が相対度数はより正確になり，私がある日コーヒーを飲むかどうかの確率を示せるようになると考えられます。

なぜこれが役に立つのでしょう？ ブックメーカー（賭け屋）がオッズを設定し，ギャンブラーが賭けをするときは，たいてい最近の過去の成績（出馬表等）を見て，どうするかを決めます。保険会社は同じような手順で客を分類し，その客に保険を売るリスクと保険料を確認します。無事故給付金という概念は次のような考え方によるものです。あなたが保険金を請求しなかった期間が長ければ長いほど，あなたが保険金を請求する相対度数が下がり，保険会社があなたのために負うリスクも下がって，あなたの保険料も低くなるのです。

確率の誤謬

もしコインを投げて8回も表が続いたら，多くの人たちは，バランスが取れるように次は裏が出そうなのではないかと感じます。けれども，実際は，裏が出る可能性は50%のままです。表が8回続けて出ることはめったにない（約0.4%）のですが，その8回のうちどのような組み合わせも確率は同じです。

この誤りは「ギャンブラーの誤謬」として知られています。1913年に有名な出来事がモンテカルロで起きました。まったくの偶然により，ルーレットの黒が26回続いたのです。この知らせは，発生中にたちまち広まり，多くの人々が次は赤が出るだろうと信じて，赤の方に大金を賭けました。子どもを産むときに同じ間違いをする人もいます。すでに何人も息子がいるから，次は女の子が生まれる見込みが高いだろう，もしくはその逆を考えてしまうのです。

「検察官の誤謬」は，裁判で起きた誤った思い込みです。訴えられた事が発生する確率が，訴えられた人が有罪か無罪かと同じ確率だという，誤った解釈です。イギリス人の女性サリー・クラーク（1964~2007）は，自分の子ども二人の殺害で有罪になりました。けれども，実際に子ども二人は乳児突然死症候群で亡くなったのです。このようなことが起きるのは7,300万分の1であるという，誤った計算がされてしまいました。乳児突然死症候群を独立した出来事とみなして計算されたのです。乳児が兄弟の場合は遺伝的原因があったかもしれないのですから，そのような前提を考えてはいけないのです。クラークは有罪判決が破棄されて多くの似たような事件が見直されるまで，3年間刑務所にいました。

統計を間違うと，大変深刻な事態を引き起こしてしまうのです。

おわりに

ここまでこの本を読んできた皆さんは，全6品コースをたっぷり楽しまれたことでしょう。数学とは，どんなレベルであっても，誰もが取り組めるものなのだと気づいてもらえたことを願います。

もし興味があれば，さらに学べる教科書は実にたくさんありますし，インターネットは優れた無料のリソースでいっぱいです。数学の知識ばかりでなく，もっと裏話を知りたいのであれば，図書館や書店，もしくは検索エンジンがうまく導いてくれることでしょう。

このひとくちサイズのかけらを楽しまれたのでしたら，数学を通常の食生活の一部にしてください。数学は実際に世の中を動かし続けており，私たちは数学がわかればわかるほど，世界をよりよい場所にできるでしょう。

この本の最初で，数学へのおびえは人にうつると書きましたが，数学に対する自信も同じです。自信を得たら，それをまわりの人たちと分かち合い，読んだり学んだりすることに時間をかけると，数学への理解がより深くなることを知らせてください。

この本で終わりにせず，旅を続け，世にあるおいしい数学のデザートを探しましょう。グルメになってください。おいしい料理がどのように作られたのか正確に知る必要はありません。その技と，できあがったものを楽しめばよいのです。

さあ，召し上がれ！

索 引

▍著者

クリス・ワーリング／Chris Waring

イギリスのロンドン生まれ。インペリアルカレッジロンドンで機械工学を専攻。卒業後，ヘッドハンターを経て数学教師になり，小さい子どもから，オックスフォードやケンブリッジをめざす学生まで，多くの生徒に数学を教えている。

▍監訳者

三谷政昭／みたに・まさあき

東京電機大学工学部情報通信工学科教授。工学博士。1951年，広島県生まれ。東京工業大学工学部電子工学科卒業。専門はディジタル信号処理工学，教育工学。著書に『学び直しのための実用情報数学（基礎作り）』，『フーリエ変換とディジタル信号処理』，『やさしい信号処理』などがある。

飯田頌平／いいだ・しょうへい

筑波大学大学院知能機能システム専攻に在学。1993年，鹿児島県生まれ。専門は人工知能による機械翻訳。自然言語処理のトップカンファレンスACLにて論文を発表するなど，研究に従事している。

▍訳者

中井川玲子／なかいがわ・れいこ

国際基督教大学卒。ミネソタ大学社会学部修士課程修了。シリコンバレーのベンチャー企業や日系企業でハイテク企業とのビジネスに携わった後，翻訳家となる。

ひとくちサイズの
文系のための超わかりやすい
数学

2020年1月15日発行

著者　クリス・ワーリング
監訳者　三谷政昭・飯田頌平
訳者　中井川玲子
翻訳協力　株式会社メディアエッグ
発行者　株式会社 ニュ トンプレス
〒112-0012 東京都文京区大塚 3-11-6

ISBN 978-4-315-52204-4
